KB013728

빛깔있는 책들 101-18

옛 다리

글/손영식● 사진/안장헌, 임원순

대원사

손영식

공학박사, 육군사관학교를 졸업하고 한양대학교 대학원에서 학위를 취득했다. 문화재관리국 문화재 보수과장을 거쳐 국립중앙박물관 건립사무국 과장으로 있다. 저서로는 『한국 성곽의 연구』『전통 과학 건축』 등이 있고, 공저로 『한국의 문화 유산』『북한의 문화 유산』 등이 있으며 그 밖에 여러 논문이 있다.

안장헌

고려대학교 농업경제학과를 졸업했으며, 신구전문대 강사, 사진 예술가협회 부회장으로 있다. 사진집으로 『석불』『국립공원』『석굴암』 등이 있다.

임원순

강원도 횡성 출생이며 현재 '연사진문화연구소'를 운영하고 있다. 사진집으로 『동산문화재 지정보고서』('88~'89) 『주요무형문화재 지정보고서』('88~'89) 『마사박물관 도록』('88~'89) 외 여러 책이 있다.

빛깔있는 책들 101-18

옛 다리

옛 다리

지리산 뱀사골 다리

다리의 시작

예부터 인간은 생활의 편리함을 꾀하고자 다리를 놓았다. 그러나 최초의 다리는 어떠한 형태이며 언제였느냐는 정확히 알 길이 없다. 다만 고고학의 성과에 의하면 인류는 식량 채집 단계인 구석기시대를 거쳐 식량 생산 단계인 신석기시대(기원전 5000~기원전 1000년) 곧 먹이를 찾아 떠돌이 생활을 하다가 정착하면서 생활상에 큰 변화를 맞게 된다. 이 시대의 생활은 한 곳에 여럿이 모여 사는 것이 농경과 어로에 편리하였고 주변의 맹수나 적으로부터 자신을 보호하기에 효과적이었다.

이 시대의 사람들은 고기잡이나 농사에 편리한 강가나 바닷가에 모여 살았다. 이러한 곳에 살다 보면 주거지의 주변에 불편한 장애물이 있게 마련이다. 자주 다니는 곳은 길이 되고 가야 할 곳의 길목의 발이 빠지는 늪이나 소하천 등지에는 불편함을 덜기 위해 통나무를 걸치거나 주변의 돌을 띄엄띄엄 놓아 빠지지 않고 다닐 수 있게 한 것이 다리의 시작이라 생각된다. 그러나 이때는 문자나 기록이 없이 추정만 할 따름이다.

세계 교량사(世界橋梁史)에 의하면 아치(Arch)형 다리의 경우

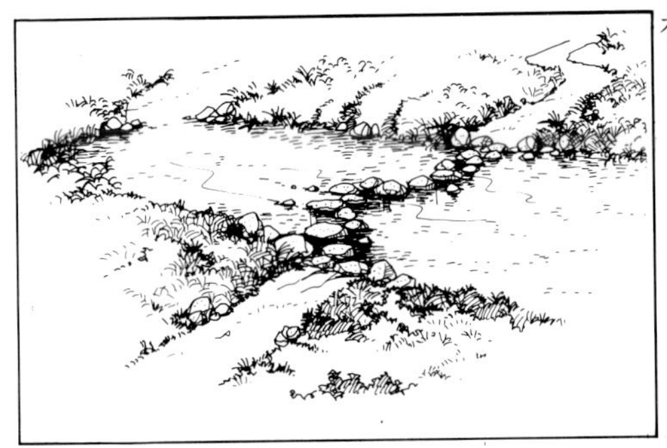

징검다리 가장 원시적인 다리 형식으로 디딤돌을 보폭에 맞게 띄엄띄엄 놓은 다리이다.

통나무다리 의도적이든 아니든 물가에 통나무가 걸쳐져 다리 구실을 하게 된 다리이다. 이 통나무다리가 나무다리, 널다리의 고형(古形)이다.

이미 기원전 4000년경에 메소포타미아 지방에 있었다. 우리나라 옛 다리와 밀접한 관계를 갖고 있는 중국 교량의 최초 기록으로는 「사기주본기(史記周本紀)」의 주(周)나라 무왕(武王;기원전 1134~기원선 1116년)이 은나라를 정벌할 때의 기록에 '거교(鉅橋)'라는 다리 이름이 보인다. 이는 기원전 1122년으로 이미 이때 다리가 있었음을 나타내는 것이라 하겠다. 현존 중국 최고(最古)의 석교는 하북성 조현(河北省 趙縣)에 있는 안제교(安濟橋)로 수나라 시대(隋代;581~618년) 홍예교형의 우수한 다리이다.

우리나라의 경우 최초 기록은 「삼국사기」 신라본기 '실성이사금조(實聖尼師今條)'에 "12년 추 8월 신성 평양주 대교(十二年 秋八月

新成 平壤州大橋)"라 한 것으로 이는 413년이다. 이때 평양주는 현재의 양주(楊州)라는 설이 있으나 확실치 않고 어떠한 형태의 다리인지도 알 수가 없다. 다만 기록상 '대교'라 함은 당시에 상당한 규모의 다리를 놓았음을 알 수 있고, 이 평양주 대교 가설 이전에도 여러 다리를 이미 설치하여 이용하고 있었음을 짐작할 수 있다.

백제시대 다리에 대한 기록으로 「삼국사기」 백제본기 '동성왕조(東城王條)'에 "12년 설 웅진교(十二年 設熊津橋)"라 한 것이 있다. 이때는 498년으로 웅진은 오늘날의 충청도 공주이기는 하나, 다리의 위치가 어디이며 어떠한 형태인지 알 수가 없다.

지금 우리나라에는 백제시대 다리가 남아 있지 않은 것으로 알려져 왔다. 그러나 최근 문화재연구소가 발굴하고 있는 전북 익산 미륵사 터의 강당 터(講堂址)와 북쪽 승방 터(僧房址) 사이를 잇는 월랑(月廊) 형식으로 다리의 아랫부분이 조사되어 있다(문화재연구소 발굴 조사, 1980~1990년).

11쪽 사진

이 다리는 길이 14미터, 폭 2.8미터, 양간(樑間)이 5칸이나 되며 바닥은 연못 터였다. 아랫부분은 석조(石造)이고 윗부분은 목재로 된 형교(桁橋) 형식으로 보이는데 앞뒤 건물 사이를 잇는 월랑의 누교로 보인다.

「일본서기(日本書紀)」의 "추고천황(推古天皇) 20년(612), 백제 토목 기술자인 노자공(路子公)이 일본에 건너가 현재 일본의 3대 기물(三大奇物)의 하나인 '오교(吳橋)'를 만들었다"는 기록으로 보아 당시 백제인의 다리 축조 기술 수준을 가늠할 수 있다.

고구려의 경우 평양의 구제궁(九梯宮)에는 통한(通漢), 연우(延祐), 청운(青雲), 백운(白雲)의 네 다리가 있었다 하나 지금은 그 자리를 찾아볼 길이 없다(「한국건축사」 윤장섭).

그 밖에 최근 북한에서는 고구려 왕궁인 안학궁(安鶴宮) 앞쪽에서 대동강 다리 터가 조사되어 보고된 적이 있다. 보고서(「우리나라

미륵사 강당 터와 북쪽 승방 터 사이의 다리

력사 유적」 1983 에 의하면 오늘날 대성(大城) 구역과 청호동과 사동 구역, 휴암동을 연결시켰던 5세기 초의 큰 나무다리였다. 다리 규모는 길이 375미터, 폭 9미터나 된다고 한다. 이와 같은 규모라면 당시로서 세계적인 규모라 생각된다.

이렇듯 삼국시대에 이미 상당한 수준의 다리들이 설치되었음을 알 수 있다. 현존하는 가장 오래 된 다리로는 통일신라기의 불국사 전면에 자하문(紫霞門)에 이르는 청운교(青雲橋), 백운교(白雲橋)와 안양문(安養門)에 이르는 연화교(蓮花橋), 칠보교(七寶橋)가 있다. 이는 751년으로 신라 경덕왕 10년에 김대성이 가설한 것이었다(「동경잡기」 권 9, 불우조). 이 다리들은 석계(石階)를 받치기 위한 돌다리이다. 청운교, 백운교는 33계단으로 불교에서 말하는 삼십삼천(三十三天)을 상징하는 의미 있는 다리이기도 하다. 오늘날의 관점에서도 이 다리의 구조와 조형미에 대한 찬탄을 금할 수 없을 정도인 것으로 보아 통일신라시대 다리의 축조 기술은 매우 발달하였던 것을 알 수 있다.

전설과 민속 놀이

고을마다 다리와 관련되는 전설이 수없이 많다. 또 지명과 도로 이름도 다리와 관련시켜 붙여진 것이 많다. 이는 다리가 지역 안에서 중요한 위치 표시 역할을 하기 때문이다.

예부터 다리와 관련되는 놀이 문화가 발달되어 오늘날까지 전해지는 민속 놀이 가운데 대표적인 것만 소개하고자 한다.

전설

주몽과 엄사수

「삼국사기」 고구려조 시조 '동명성왕조(東明聖王條)'에 "…行至淹淲水 欲渡無梁…於是魚鼈浮出成橋, 朱蒙得渡 魚鼈乃解…"라는 내용이 있다.

곧 "주몽이 엄사수(지금의 압록강 동북)에 이르러 강을 건너려 하자 다리가 없었다. 이때 자라들이 물 위로 떠올라 징검다리를 이루어 주어 주몽은 건널 수 있었고 곧 자라들은 흩어졌다"라는 내용으로 보아 고정된 실제의 다리는 아니다.

그러나 이 내용의 상징은 추측건대 다른 부족(部族)들이 원시적인 주교(舟橋)와 비슷한 다리를 가설하였다가 강을 건넌 뒤에 해체하였던 것으로 생각된다. 그러나 당시 다리의 개념이 사용되었었고 기원전 37년에 '교(橋)'라는 용어를 사기(史記) 기록상 가장 이른 시기에 사용하였다는 데 그 의미가 있다 하겠다.

강감찬(姜邯贊)과 모기

옥천군 군북면 증약리에 있는 청석교(青石橋)는 신라 문무왕 때 축조되었다고 전하고 있다. 이 다리에는 고려 때부터 모기가 없기로 유명하여 고을 주민들이 매우 신기해 하고 있는데 다음과 같은 전설이 있다.

강감찬 장군이 경주 부윤(慶州府尹)으로 부임하게 되어 옥천을 통과하던 날의 일이었다. 마침 날이 저물어 장군은 여기서 하룻밤 묵게 되었는데 고을 주민들로부터 한 가지 건의를 받게 되었다. "장군님, 장군님의 무명(武名)은 익히 들어서 알고 있는 터이온데 그 출중한 장군님의 솜씨로 이곳 청석교 일대에 득실거리는 모기 떼를 없애 주실 수 없나이까" 주민의 말을 듣고 실제로 청석교를 산책해 보니 과연 모기 떼가 기승을 부려 자유로이 걸어다닐 수조차 없을 지경이었다. 장군은 청석교 일대에 득실거리는 모기 떼를 향하여 버럭 소리를 내질렀다. "네 이놈들 모기 떼들아, 아무리 말 못하는 미물이라 하여도 백성을 괴롭히는 죄는 용서할 수 없다. 당장 내 앞에서 물러나지 않으면 너희 종족을 아주 멸종시켜 버릴 터이니 썩 물러가라!" 장군의 목소리가 어찌나 크고 위엄이 있었던지 청석교 일대의 모기는 물론 인근 수십 리 안의 모기들이 벌벌 떨면서 도망가 버렸다. 그 날 밤으로 멀리 도망쳐 버린 모기는 다시는 청석교 일대에 나타나지 않았다.

귀교(鬼橋)와 길달문(吉達門)

신라 제26대 진평왕(眞平王) 때의 이야기이다.

제25대 진지왕(眞智王)의 혼(魂)이 화신(化身)하여 미인인 도화랑(桃花郎)과 7일 동안 동침한 뒤 태기가 있고 달이 차서 한 남아를 낳았다. 그 이름을 비형(鼻荊)이라고 했다.

이 사실을 듣고 진평왕은 궁중에 비형랑(鼻荊郎)을 데려다가 길렀다. 나이 15세에 이르러 집사(執事)를 시켰는데 밤마다 대궐을 빠져나가 월성(月城)을 지나 서천(西川)가에서 귀신들을 데리고 놀다가 새벽 절(寺) 종소리가 울릴 때 집으로 돌아오곤 하였다.

이 일을 안 왕은 비형에게 명하여 귀신들을 시켜 신원사(神元寺)의 북쪽 냇가에 다리를 놓도록 하였더니, 비형은 곧바로 귀신들을 동원하여 밤 사이에 큰 돌다리를 놓았다. 그리하여 이 다리를 대석교(大石橋) 또는 귀교(鬼橋)라고 불렀다.

왕은 크게 감동하여 비형에게 귀신 가운데 인간이 되어 나랏일을 맡을 만한 자가 있거든 말하라 하였더니, 비형은 곧 길달(吉達)이란 귀신을 추천하였다.

임용하고 보니 과연 충직함이 무쌍하기로 왕은 대단히 기뻐하여 자식 없는 각간(角干) 임종(林宗)의 아들로 삼게 하였다. 그 뒤 임종은 길달을 시켜 흥륜사(興輪寺) 남쪽에다 누문(樓門)을 세우고 그곳에서 자게 하였다. 그래서 남문루(南門樓)라 하던 것을 길달문(吉達門)이라 하였다.

그러던 어느 날 길달은 여우로 변하여 도망하려다가 비형이 이것을 미리 알고 곧 잡아서 사형에 처하였다. 이것을 본 귀신들은 비형의 이름만 들어도 놀라게 되어 그 뒤로는 비형을 피하여 모두 도망쳤다.

민속 놀이

놋다리밟기

놋다리밟기는 영남의 안동, 의성, 영천, 상주 등지에서 젊은 부녀자들만 하는 놀이이다. 해마다 음력 정월 대보름날 달 밝은 밤에 곱게 몸치장을 한 젊은 부녀자들이 일정한 장소에 모여 얼마 동안 흥이 나서 논다. 이렇게 하여 많은 사람들이 모이면 모두 일렬로 선 다음 허리를 구부리면 뒷사람은 앞사람의 허리를 양손으로 붙들어 껴안는다. 그 뒷사람도 수십 명이 그렇게 한 뒤에 그 가운데 나이 어린 소녀 한 사람을 선정한다. 그 소녀를 사람 등 위에 올라서게 하고 양옆에서 소녀의 손을 잡고 놋다리밟기 노래를 부르면서 밟고 지나가는 것이다.

16쪽 사진

이 놀이의 유래는 다음과 같다.

지금부터 600여 년 전 고려 공민왕(1352~1374년)이 왕비인 노국 공주와 함께 안동 지방에 파천(播遷)왔을 때 그 고을 군민들 남녀노소 모두 나와 영접하였다. 이때 안동의 시내 얕은 물이 흐르므로 젊은 부녀자들로 하여금 그 시내 위에 일렬로 엎드리게 하여 사람으로 다리를 놓아 노국 공주를 건너게 하였다 한다. 그 뒤 이 고을 부녀자들은 그때를 기념하기 위하여 새해 명절인 정월 대보름날 밤을 택하여 이 '놋다리밟기'를 하게 되었다 한다.

다리밟기 놀이

속설(俗說)에 정월 대보름날 밤에 다리를 밟으면 일 년 동안 다리병(脚疾)이 없고 열두 다리를 밟아 지나가면 열두 달의 액(厄)을 면한다고 한다. 그리하여 이 날 밤에는 남녀노소 할 것 없이 다리를 밟는 풍습이 있는데 이것이 다리밟기(踏橋) 놀이이다.

17쪽 사진

16세기 조선 선조 때의 학자 이수광의 「지봉유설(芝峰類說)」에

안동 놋다리밟기 놋다리밟기는 영남의 안동, 의성, 영천, 상주 등지에서 젊은 부녀자들만 하는 놀이이다.

답교놀이 조선시대까지 정월 대보름 밤이면 남녀노소 할 것 없이 그 해의 액을 면하고자 하는 의도에서 다리밟기를 하였다.

의하면 이 풍습은 고려 때부터 시작되었는데 남녀가 쌍쌍이 짝을 지어 밤새도록 다녔으므로 거리가 혼잡하게 되어 여자들은 보름이 아닌 16일 밤에 다리밟기를 하였다 한다. 조선조에 들어와서 일부 양반들은 번잡함을 싫어해 하루 당겨서 14일 밤에 하였다. 이러한 연유로 속칭 이 14일 밤의 다리밟기를 '양반다리밟기'라 하였다.

조선 영, 정조 때 유득공(柳得恭)의 「경도잡지(京都雜誌)」 '정월(正月)조'의 기록에 의하면 다음과 같이 적혀 있다.

"달이 뜬 뒤 서울 사람들은 모두 종가(鍾街;지금의 종로)로 나와 종소리를 듣고 헤어져 여러 다리를 밟는다. 이렇게 하면 다리(脚)에 병이 나지 않는다고 한다. 대광통교(大廣通橋), 소광통교(小廣通橋), 수표교(水標橋)에 가장 많이 모인다. 이 날 저녁은 예(例)에 따라 통행 금지를 완화한다. 따라서 인산 인해를 이루어 피리를 불고 북을 치며 떠들썩하다(月出後 都人悉出鐘街 聽鐘散踏諸橋 云已脚病 大小廣通橋及水標橋最盛 是夕 例弛夜禁 人海人城簫鼓喧轟)."

옛 다리의 구분

옛 다리는 그림 속에도 많다. 옛 다리를 알기 위해서는 남아 있는 것을 찾는 것이 가장 바람직하다. 그러나 옛 다리는 오랜 세월이 흐르면서 어떤 다리는 원형을 잃은 채 변형된 상태로 남아 있다.

남아 있는 다리의 수는 극히 제한되어 있고 그나마 내구성이 적은 재료로 만들어졌던 흙다리, 나무다리, 매단다리는 찾아보기 어렵다. 다만 내구성이 강한 돌다리 가운데 일부만 남아 전해지는 실정이다.

오늘날에는 급격한 다리 기술과 재료의 발달로 옛 다리 수법대로 가설하지 않아 있는 다리마저 무관심과 인식 부족으로 변형과 훼손이 되고 있는 실정이다. 이러한 여건 아래 옛 다리를 알아보기 위한 좋은 방편의 하나가 옛 그림 속의 다리 그림이나 선조들의 시부(詩賦) 가운데 다리에 관한 글귀를 살피는 것이다.

19쪽 위 그림
19쪽 아래 그림

옛 그림의 산수도(山水圖)에는 자주 다리 그림이 나오는데 흙다리이거나 나무다리가 주종을 이루고 있다. 간혹 돌다리가 보이기는 하나 간단한 널다리 형식이 보일 뿐 규모가 큰 경우는 드물다. 특히 산사(山寺) 입구의 다리는 구름다리(虹橋)가 많이 보이는데 이는

옛 그림 속의 다리 위는 '귀어도(歸漁圖, 이재관, 19세기 초)'에 그려진 흙다리이고 아래는 '금강산 표훈사(최북, 18세기)'에 그려진 돌다리로 홍예가 틀어진 모습이다.

하관계회도(夏官契會圖) 부분 작가 미상, 16세기.

사바 세계인 속세와 천상의 극락 세계를 잇는 구름다리를 나타낸 불교적인 의미와 관련된 형식으로 보인다. 그림 속의 이러한 다리로 미루어볼 때 옛날에는 고을마다 소박한 흙다리나 나무다리가 주종을 이루고 있었음을 알 수 있다.

현존하는 옛 다리는 구름다리 형식의 돌다리가 대부분인데 이는 구조적으로 안정하고 내구성이 커서 많이 축조하지는 않았으나 남아 있는 다리가 꽤 있는 것으로 보인다.

일반적으로 옛 다리라 함은 전통적인 다리 축조 방식에 따라 축조된 다리를 일컫는다. 시기적으로 보면 조선시대 말까지이고 다리 축조 재료로 보아 돌과 나무가 주재료로 사용되었다.

시멘트가 실용화되기 전까지 축조된 다리들은 대부분 전통 수법에 따른 다리 형식을 취하고 있다. 옛 다리는 발전된 오늘날의 다리에 비해 다리의 형식은 다양하지 않다. 그러나 옛 다리는 오늘날의 각종 다리 형식의 모든 유형을 다 보여 주고 있다.

옛 다리의 관점에 따라 가설 목적, 가설자, 구성 재료, 위치, 형식 등 여러 가지로 구분할 수 있으나 여기서는 재료와 형식으로 구분하고자 한다.

재료에 따른 구분

옛 다리에 사용되었던 재료는 한정되었다. 돌과 목재가 대부분이었고 부분적으로 흙, 잔디, 칡, 철물이 일부 사용되기도 하였다.

옛 다리는 그때의 여건으로 자연산 재료 그대로 간단한 가공을 통하여 축조하였다. 이것은 세계적으로 공통이었고 획기적인 다리의 변화는 20세기 초 시멘트가 실용화되면서 큰 변혁을 맞이하였다.

흙다리(土橋)

토교는 엄밀한 의미에서 흙으로 축조한 다리는 아니다. 구조체는 나무다리이나 통행의 편의를 위해 교면(橋面)에 뗏장을 얹어 상판에 걸친 나무 사이로 발이 빠지지 않도록 한 다리를 말한다.

이 다리는 옛날 고을의 개천마다 손쉽게 마을 주민들이 힘을 합쳐 생활의 불편을 덜기 위하여 놓은 다리였다. 그러나 다리 구조가 튼튼하지 못해 매년 다시 놓아야만 했으나 옛날의 다리는 대다수가 이와 같은 형식이었다.

흙다리 오늘날에는 이러한 흙다리를 건조하는 법이 잊혀져 가고 있으나 옛 다리의 대부분은 이러한 형식이었다. 경기도 여주 사곡리.

그 구조를 살펴보면 개천 가운데 목재 말뚝을 양쪽으로 막고 시렁재를 가로로 걸쳐 교각으로 삼았다. 그 위에 통나무를 붙여 깔아 칡넝쿨 등으로 묶어 고정시켰다. 윗면이 고르지 못한 관계로 그 위에 뗏장을 덮어 보행에 편의를 도모하였다. 매년 홍수 등으로 인해 다시 놓아야 하는 불편을 덜기 위한 노력의 결실로 나타난 것이 돌다리로 개축하는 것이었다. 많은 공력과 재력이 드는 돌다리가 당시의 다리 설치의 이상적인 목표였다. 이렇게 흙다리를 돌다리로 바꾸게 되면 이 역사(役事)의 공덕(功德)을 기리기 위해 교비(橋碑)에 새겨 영구히 후세에 전하려 하였다.

21쪽 사진

토교는 오늘날 시골 산간 벽지에서 아직도 가설하여 이용되고 있는데 재료는 옛날 것이 아니나 그 수법은 옛 다리 축조 수법을 원형대로 보여 주고 있다. 축조 재료를 보면 토목 혼합교(土木混合橋)라 해야 할 것이나 다리의 주체는 보행하는 윗부분 구조인 교면(橋面)이므로 흙다리로 구분되어 불린다.

나무다리(木橋)

23쪽 사진

가공(加工)이 가장 손쉬운 편리한 재료가 나무였다. 나무다리는 돌다리의 석재보다 재료의 내구성이 낮아 오늘날까지 남아 있는 경우가 드물다. 그러나 다리 설치에 필요한 재료를 구하기가 손쉬웠다. 또 가설하기에도 가장 공력이 적게 드는 장점이 있었다. 그러나 무엇보다도 나무다리의 장점은 내구성이 적은 반면 휨에 대한 강도가 큰 관계로 지간(支間)을 넓게 할 수 있다는 것이었다.

나무다리에 사용되는 목재로는 대부분 전통적으로 각종 건축재로 많이 사용되는 침엽수인 소나무과에 속하는 나무들이었다. 그 가운데 강송(剛松)을 으뜸으로 꼽았다. 그러나 가장 널리 사용된 나무는 육송(陸松)이었다. 육송은 줄기가 휘어지고 가지가 많은 등의 단점이 있는 것으로 인식되어 왔지만 실제로 심산 유곡에 있는 소나무는

외나무다리 나무다리는 설치에 필요한 재료를 구하기가 손쉬웠고 가설하기에도 가장 공력이 적게 드는 장점이 있었다.

줄기가 곧고 질기고 휨에 강해 아주 유용한 다리 축조 재료였음을 알 수 있다.

나무는 가공성이 좋은 재료이므로 나무다리는 다양한 형태의 다리 모습을 보여 주고 있다. 일반적인 나무다리말고도 회랑(廻廊)과 같이 건물과 건물 사이를 잇는 형식이 있는가 하면 나무다리 위에 누각(樓閣)을 설치하기도 하였다. 이러한 누교(樓橋)는 지붕이 있어 우수를 막아 주어 오랜 기간 다리가 보존될 수 있는 상호 보완 작용을 하기도 한다.

경관지에 설치된 경우는 누정(樓亭)과 같은 휴식처로 이용되기도 하였다. 현재 남아 있는 나무다리의 교각과 교대는 전부 돌로 구성되어 있고 윗부분인 다리 바닥(橋床)만 나무로 되어 있다. 다리의 아랫부분은 항상 물과 접촉하게 되어 목재로는 몇 해를 넘기지 못하기 때문이었다.

나무다리는 보다리(桁橋) 형식밖에 없다. 이는 압축에 약한 나무로 구름다리의 홍예(虹霓)를 틀 수가 없기 때문이다. 나무다리 윗부분은 고건축에서 보여 주고 있는 가구(架構) 수법대로 시공되었다.

외나무다리는 그 독특한 형태와 운치가 있어 옛 선인들의 시(詩)에 많이 남아 있다.

엇비슷한 고목을 앞여울에 가로지르니
걸음마다 아찔하는 마음 몇번이나 놀랐던가
평지에는 풍파를 사람들은 모르면서
다리에 와서는 오히려 두려운 길로 보는도다
(槎牙古木裁前灘 步步寒心幾駭瀾
平地風波人不識 到橋猶作畏途看) 金壽寧, 三陟 竹西樓, 臥水木橋

돌다리(石橋)

25쪽 사진

남아 있는 대부분의 다리는 돌다리이다. 옛 사람들이 생각하는 가장 좋은 다리가 돌다리였음은 두말할 나위가 없다. 돌다리는 예부터 각종 형태로 발전되어 왔다. 징검다리나 석재 한 장을 걸쳐 놓은 간단한 널다리에서부터 조선 때 가장 긴 살곶이다리(箭串橋, 76미터)에 이르기까지 그 규모가 다양하다. 형식도 널을 걸쳐 놓은 형교

돌다리 돌다리는 다른 다리에 비해 노력, 시간, 재력이 많이 드는 다리이지만 반영구적인 형태이다.

돌다리 옛 사람들이 가장 바람직하게 생각한 다리는 돌다리였다. 석재가 풍부한 우리나라는 다른 나라에 비해 돌다리의 가설 여건이 좋았다.

에서 교각이 반원형을 이루게 홍예를 틀어 만든 구름다리 등 석재의 특성에 맞게 각종 다리가 조성되었다.

석재가 풍부한 우리나라는 다른 나라에 비해 돌다리의 가설 여건이 좋았다. 공력(功力)이 많이 들긴 하나 반영구적인 돌다리를 놓기 원했다. 처음에는 자연석을 사용하거나 간단한 가공을 하여 설치하였으나 차츰 구조적인 안정을 얻고자 치밀한 가공을 한 다리로 발전하였다. 석재의 종류는 우리나라 전역에 고루 분포되어 있는 화강석이 주종을 이루고 있다. 화강석은 암질(岩質)에 있어서 치석하기가 쉽고 내구성이 강해 널리 사용되었다. 그러나 다리를 설치하려는 지역의 석재가 얻기에 손쉬우므로 그 지역에서 많이 생산되는 돌이 돌다리의 재료가 되기 마련이었다.

돌다리의 기초나 교각을 튼튼히 하기 위해 돌과 돌 사이의 접합을 위해 은장(隱藏)을 사용한 예가 몇 곳에서 보여 돌다리의 축조 때 일부의 철물이 사용되었음을 알 수 있다.

형식에 따른 구분

다리의 재료와 형식 사이에는 불가분의 관계를 갖고 있다. 재료의 특성을 유효하게 사용하기 위해서는 재료에 알맞는 구조와 형식을 채택하지 않으면 안 된다. 곧 나무다리는 나무의 인장 강도가 큰 점을, 돌다리는 돌다리의 압축 강도가 큰 장점을 최대한 이용한 형식이 자연적으로 나타나게 마련이다.

보다리(桁橋, 板橋)

보다리(桁橋)는 일명 널다리라고도 하는데 가장 옛 형태이면서 현대에 이르기까지 가장 널리 사용된 형식이다. 구조적으로 간단한 형식이므로 옛날에 가장 널리 사용되었고 오늘날에 와서는 다리 재료의 급속한 발달로 또한 널리 사용하게 되었다.

보다리의 원시적인 형태는 어떠하였을까? 아마도 원시인들은 주변에 있는 큰 나무를 넘어뜨려 통째로 개천 양안(兩岸)에 걸친

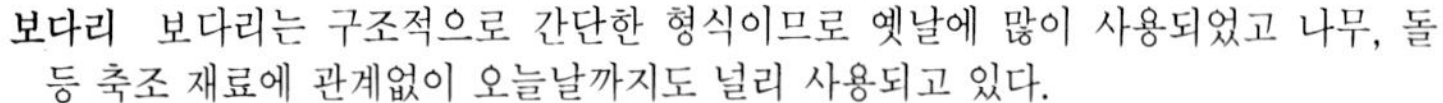
보다리 보다리는 구조적으로 간단한 형식이므로 옛날에 많이 사용되었고 나무, 돌 등 축조 재료에 관계없이 오늘날까지도 널리 사용되고 있다.

외나무다리(獨木橋) 형식으로 보인다. 그 뒤 인지(人知)가 발달됨에 따라 차츰 하천 폭이 넓은 곳에도 적용하게 되었는데 하천 가운데 교각(橋脚)을 여러 개 세워 다경간(多徑間) 다리로 발전되었다. 한편 다리 폭(橋幅)도 한 사람만 겨우 다니던 규모에서 여러 사람이 동시에 다닐 수 있고 마차나 수레가 다닐 정도였다. 옛날에 청계천에 있었던 수표교(水標橋; 현재는 장충동으로 옮겨졌음)의 경우 다리 폭이 7.5미터에 이른다.

돌다리는 보다리 형식과 홍교 형식으로 가설되었지만 흙다리(土橋)나 나무다리는 보다리 형식뿐이었다. 돌다리의 경우 옛날에는 보다리 형식을 널리 사용했으나 구조상 구름다리보다 상대적으로 안정치 못해 구름다리보다 의외로 남아 있는 숫자가 적다.

구름다리(虹橋, 拱橋, 虹霓橋)

보다리가 수수한 다리라면 구름다리는 조형미가 뛰어난 아름다운 다리이다. 이 다리는 구조적으로 가장 안정한 형식으로 예부터 널리 축조되었다.

28쪽 그림

그러나 구름다리는 보다리에 비해 많이 가설되지는 않았다. 공력이 많이 들어 축조하기에 힘이 들었기 때문이다. 따라서 양적으로는 적게 축조하였지만 많이 남아 있는 이유는 안정된 축조 형식이기 때문이다.

민간 지역에서는 주로 보다리를 놓은 데 비해 궁궐의 중요 다리나 사찰에서는 구름다리가 널리 사용되었다. 이는 통로의 기능보다는 조형미가 앞섰기 때문이며 사찰에 구름다리 형식이 많은 것은 불교와의 밀접한 관련을 갖는 의미를 내포하고 있기 때문인 듯하다. 한편 불교에서는 3대 공덕(三大功德) 가운데 하나로 만인(萬人)이 편히 다니게 하는 것으로 많은 다리를 축조하는 것이었다. 그런 연유로 승려 가운데에는 다리 축조 기술자가 많아 사찰뿐 아니라

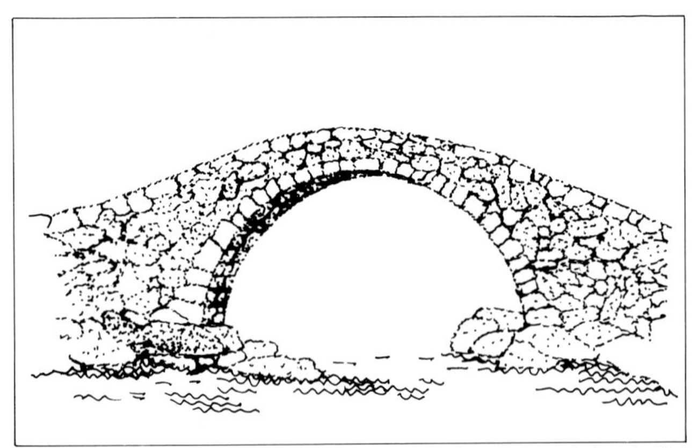

구름다리 구조적으로 가장 안정된 다리로 많이 축조하지는 않았으나 현재 가장 많이 남아 있다.

민간 지역의 다리 가설에 적극 참여하기도 하였다.

돌다리 위에 누각을 설치한 다리는 구조적으로 안정한 구름다리 형식에서만 보이고 있다. 구름다리의 교각이 압축 강도가 큰 돌로 조성되었기 때문에 널다리에서 보이는 돌다리의 경간(徑間;다리에서 기둥과 기둥 사이의 거리) 폭이 좁던 것을 홍예를 틀면서 간격이 넓어졌다. 가장 전통적 형식을 갖고 있는 조선 정조 4년(1780) 경남 창녕군 영산면 동리에 가설된 영산 만년교(靈山萬年橋)는 단칸 홍교로 홍예 지름이 11미터에 이른다. 이러한 홍교는 홍예 지름을 넓혀 다리 사이의 거리를 더욱 넓힐 수 있는 구조임을 알 수 있다.

29쪽 사진

중국의 경우 수나라 시대에 조성된 것으로 알려진 하북 조현(河北趙縣)의 안제교(安濟橋)는 단칸 홍예교로 홍예 내부 경간 간격이 37.4미터에 이른다.

궁 안 구름다리의 경우 상판에는 특수하게 삼도(三道) 형식이 보인다. 이는 신분에 따라 통행을 구분하기 위한 수단으로 설치하였다. 어전의 신도도 삼도 형식으로 가운데가 높고 좌우가 낮은 형식과 일맥상통한다.

영산 만년교 가장 전통적인 형식의 구름다리로 조선 정조 4년(1780)에 가설되었다. 이 다리는 단칸 홍교로 홍예 지름이 11미터에 이른다.

징검다리(徒杠, 跳橋)

옛 그림에도 자주 나오는 다리 바닥이 없는 불완전한 다리 형태이다. 사람의 통행이 많지 않은 한적한 개울에다 주변에 있는 재료를 이용하여 설치하였다. 이것은 보통 때는 물에 젖는 불편을 덜기 위한 가장 간편한 방법으로 설치하였으나 디딤돌 높이도 일정하지 않아 홍수 때에는 이용하지 못하였다.

이 징검다리는 사람만이 조심해서 겨우 통과할 수 있고 수레나 가마 등도 건널 수 없는 가장 원시적인 다리 형태라 할 수 있다. 디딤판의 설치는 주변의 바윗돌이 주로 이용되었고 일부는 흙무덤을 쌓아 만들기도 하였다. 디딤판의 간격은 건너기에 편리한 보폭에

30쪽 사진

징검다리 다리 바닥이 없는 불완전한 다리 형태이지만 오늘날까지 이용되고 있다. 디딤판의 간격은 건너기에 편리한 보폭에 맞추어 설치했고 불편하면 중간에 한두 개 더 놓게 되어 디딤판의 열이나 간격도 자연 불규칙하게 마련이다.

맞추어 설치했고 불편하면 중간에 한두 개 더 놓게 되어 디딤판의 열이나 간격도 자연 불규칙하게 마련이다. 그러므로 징검다리의 형태를 보면 가장 자연스럽고 인간적인 형태로 보인다.

이런 점을 생각하여 오늘날에도 이와 같은 수법이 이어져 사용되고 있다. 정원이나 연못에 디딤돌을 놓아 진 땅을 피하고 연못 사이를 건너기 위한 방법으로 이용되고 있다. 징검다리의 조형적 아름다움의 기능을 살리기 위한 조처였다고 보인다.

누다리(樓橋)

다리 위에 누각이 있는 다리이다. 「삼국사기」에 의하면 원성왕(元聖王) 14년(798)에 "궁남루교(宮南樓橋)가 불탔다"는 기록이 보인다. 이 다리의 이름으로 보아 아마 다리 위에 회랑(廻廊)식 건물이 있는 목교로 추정된다.

누교 형식은 옛 다리에서만 보인다. 다리의 연결 기능과 정자의 역할을 함께 하는 다리이다. 이 누교 형식의 다리는 건물과 건물 사이에 연결하는 월랑(月廊)으로서 많이 가설되었으리라 생각된다. 그 예로 백제 무왕(武王) 때 조성된 익산 미륵사 터의 다리도 이와 같은 형식이다.

현재 남아 있는 대표적인 누교는 송광사 삼청교(三淸橋)의 우화각(羽化閣), 청량각루교(淸涼閣樓橋), 곡성(谷城)의 능파각목교(凌波閣木橋), 수원성의 화홍문(華虹門) 등이다.

32쪽 사진
69쪽 사진

누교는 윗부분에 누각 건물이 걸쳐져 있으므로 나무다리로는 지탱이 곤란하다. 자연히 구조적으로 안정된 석조 홍예교 위에 설치하였다. 예외로 능파각목교는 단칸 다리로 무게를 양쪽의 석축 교대가 받을 수 있어 목교로 된 경우가 있다. 누각의 형태는 긴 다리에는 회랑식 건물 형태이나 다리 가운데 정자를 겸한 건물은 누정(樓亭)에서 일반적으로 택하고 있는 팔작 건물의 형태이다.

송광사 삼청교의 우화루 사찰 입구나 빼어난 경관지의 다리 위에는 정자가 만들어져 주변 경관을 감상할 수 있게 하였다.

매단다리(吊橋, 弔橋, 棧橋)

오늘날에는 보기 힘든 다리 형태이다. 길을 내기 어려운 절벽과 절벽 사이에 줄을 가로로 걸쳐 줄의 지탱력으로 한 사람이 간신히 건너는 정도로 매달은 다리를 말한다. 이 원리가 발전해 오늘날의 긴 다리인 금문교(金門橋;미국)나 우리나라의 남해대교와 같은 교각 사이의 간격이 긴 현수교(縣垂橋)의 옛 형식이라 생각된다.

매단다리 요즘은 일부 관광지에서나 볼 수 있으나 옛날에는 계곡 사이에 이런 형식의 다리를 매달았다.

유형원(柳馨遠;1622~1673년)의 「반계수록(磻溪隨錄)」에서는 외방 도로(外方道路)의 폭을 대로(大路) 12보(步), 중로(中路) 9보, 소로(小路) 6보로 규정하고 있다. 그러나 전국의 도로가 닦여진 것이 아니었다. 지형 조건에 따라 차이가 났다. 예를 들면 문경새재 관갑천(串甲遷) 험로 등에는 0.5 내지 1미터에 지나지 않았으므로 낭떠러지에는 잔교(棧橋)를 설치하여 사람이 겨우 다닐 정도로 유지되었다고 적혀 있다.

재료의 내구성 등으로 오늘날까지 원형이 남아 전해지는 매단다리는 없으나 당시의 도로 여건 때문에 매단다리를 이용하였음을 알 수 있다.

배다리(舟橋, 浮橋)

옛날에는 우리나라의 하폭(河幅)이 넓은 강에는 다리를 설치한 예가 없다. 나루터를 두고 나룻배로 건너다녔다. 다리 설치는 다리 가설 기술 수준에도 관련이 있었다고 생각된다. 한편 외침에 대항할 충분한 국방력을 갖추지 못하였던 때에는 소극적인 방위 전략을 쓰지 않으면 안 되었다. 이러한 입장에서 강과 같은 천연적인 방비 수단에 다리를 놓는다는 것은 자칫 이적 행위(利敵行爲)가 될 수 있기도 하여 적극적인 축조를 하지 않은 이유도 있다. 그래야 시간

배다리 '화성행궁도'에 실린 배다리의 모습이다.

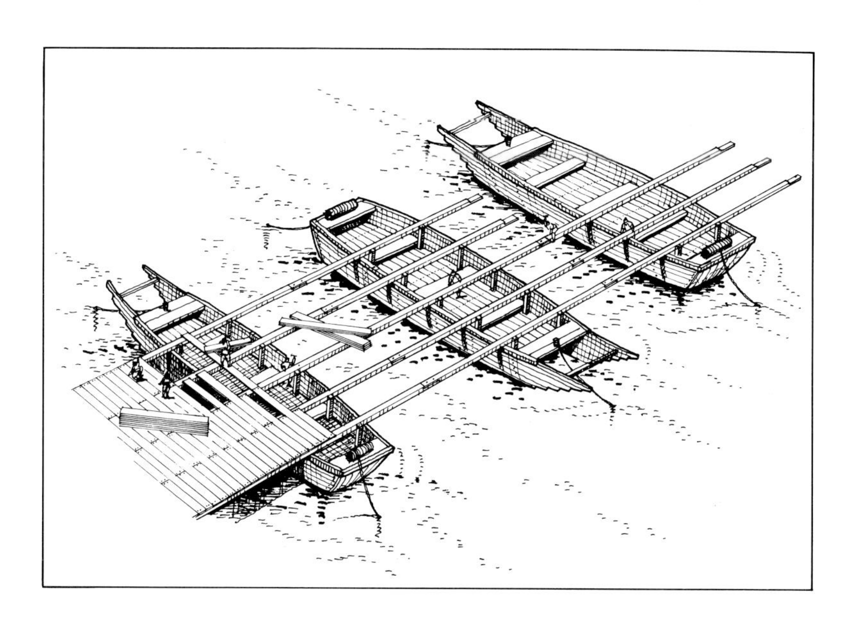

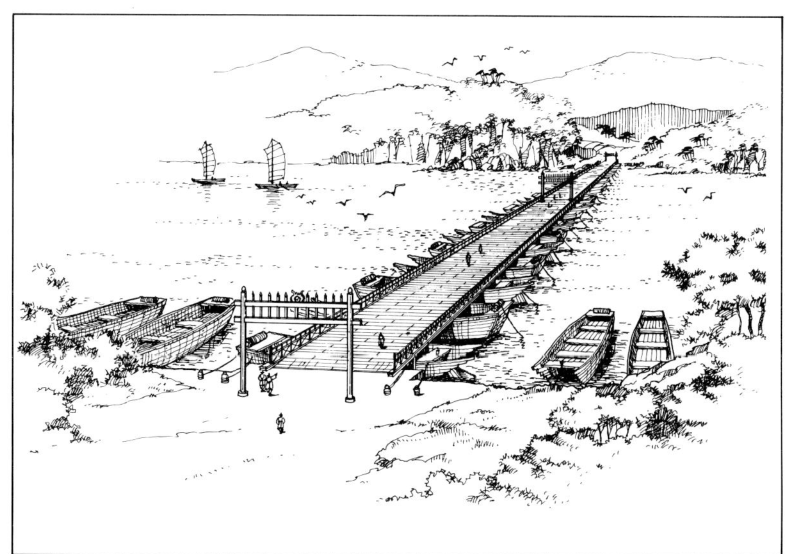

배다리 설치 방법 배를 일정 간격으로 벌여 놓고 가로목을 질러 놓은 다음 위에 널을 깔아 바닥을 만든다. 배다리는 필요에 따라 임시로 가설하는 다리이다.(위, 아래)

을 벌어 다른 나라에 원병을 청하기도 하고 또 임금이 안전한 곳으로 피난할 수 있기 때문이다.

그러나 강에 다리를 놓은 예외(例外)가 있었다. 바로 주교(舟橋)가 그것이다. 주교는 일찍부터 활용되었다. 기록에 의하면 고려 정종(靖宗) 1년(1045)에 임진강에 가설되었는데 "선교(船橋)가 없어 행인이 다투어 건너다 물에 빠지게 되는 일이 많으므로 부교(浮橋)를 만든 뒤로 사람과 말이 평지처럼 밟게 되었다"라고 한 것을 볼 수 있다. 그 뒤 이성계가 요성(遼城)을 공격할 때와 위화도(威化島) 회군 때 부교를 가설하기도 하였다.

연산군은 청계산(淸溪山;果川)에 사냥을 하기 위해 민선(民船) 800척을 동원,한강에 다리를 가설하여 원성을 사기도 하였다.

이렇듯 배다리 설치 기술은 발전되어 조선조 정조에 이르러 왕의 생부(生父)인 사도세자의 무덤을 현 동대문구 배봉산(拜峰山)에서 수원의 화산(花山)으로 이장하고 능행(陵行)에 필요한 배다리를 한강에 설치하고 자주 이용하게 되었다. 정조는 배다리를 설치하기 위해 주교사(舟橋司)라는 관청을 설치하고 이 주교사에서 '주교사절목(舟橋司節目)'을 제정하여 배다리의 설치 절차와 방법을 상세하게 언급하였다. 한편 정조는 직접 배다리 설치에 편리하도록 '주교지남(舟橋指南) 15조목'을 언급하기도 하였다.

다리의 구성

옛 다리는 오늘날의 통행 여건과 자못 달랐다. 궁궐이나 능행로(陵行路)상의 다리는 어가 행렬(御駕行列)이 가능할 정도로 넓었으나 그 밖의 다리는 넓지 않았다. 당시 사회 여건으로 사람이나 우, 마차가 다닐 정도의 규모이면 만족했다.

그러나 세부를 잘 살펴보면 옛 다리의 구조 형식으로도 오늘날 발전된 각종 다리의 기본 구조의 원리를 다 갖추고 있었다.

곧 옛 다리의 보다리, 구름다리, 매단다리, 배다리 등은 현대 교량의 형교(桁橋), 아치교(虹橋), 현수교(縣垂橋), 부교(浮橋) 등으로 발전되었다.

다리의 구성은 윗부분과 아랫부분의 구조로 구분된다. 그 밖에 안전이나 장식을 위한 부대(附帶) 시설이 있다. 윗부분 구조는 직접 통행을 위한 시설로 다리 바닥과 다리 바닥을 받치기 위한 멍에(駕木)를 포함한다. 아랫부분 구조는 윗부분 구조를 받치기 위한 보조 수단으로 기초, 교각, 교대 등으로 구성되어 있다. 이들 아랫부분 구조는 다리의 하중을 지반에 전달하고 물의 저항을 견디도록 되어 있다.

다리의 부대 시설은 다리의 연결 통행 기능과는 관계없이 통행의 안전이나 장식, 축조 당시의 신앙적인 이유에서 만들어졌다. 다리의 부대 시설로 대표적인 것은 난간(欄干), 교비(橋碑), 벽사 시설(辟邪施設) 등이 그것이다.

기본 시설

다리 바닥(橋面)　다리의 주체(主體)는 다리 바닥이다.

다리 바닥이 흙, 나무, 돌 등의 재료에 따라 흙다리, 나무다리, 돌다리라 구분하여 불린다.

아주 옛날 곧 통나무를 물가에 걸쳐놓아 다리로 사용한 때에는 다리 바닥인 통나무말고는 다른 구성 요소 없이 다리가 이루어졌었다. 그러나 시대의 변천에 따라 다리 축조 기술이 발달되면서 바닥의 형식도 바뀌었다. 간단한 외나무다리에서 신분에 따라 통행이 구분되는 삼도(三道) 형식에 이르기까지 다양한 형태가 있다.

우리나라 옛 다리의 바닥 형식은 재료에 관계없이 거의 일정한 38쪽 사진

수표교의 다리 바닥 다리 바닥은 전통적인 목조 건축과 상호 관련을 가졌음을 보여 주는 부분이다.

축조 형식을 보여 주고 있다. 일반적으로 다리 바닥은 우물 마루 깔듯이 장귀틀(長耳機)과 동귀틀(童耳機)을 짜서 그 사이에 마루널을 끼워 넣는 형식이 주류를 이루고 있다. 이는 다리 축조 기술이 전통적인 목조 건축과 상호 관련을 가졌음을 보여 주고 있다.

멍에(駕木) 다리 바닥의 부재를 받쳐 아랫부분 구조로 전달하는 부재가 멍에이다. 멍에목도 있고 멍엣돌(駕石) 등도 있다. 그러나 형식은 마찬가지이다. 널다리에는 멍에가 있어야 구조적으로 해결되지만 구름다리에는 멍에가 없어도 관계가 없다. 그러나 대부분의 구름다리에도 멍에를 설치한다. 현존하는 옛 다리일수록 멍에가 다리 바닥 밖으로 많이 노출되어 있어 옛 다리의 구조적인 특징을 나타내고 있다. 일부 다리의 멍엣돌 마구리에 석수(石獸) 등을 조각하여 재해를 막고자 하였다.

39쪽 사진

여천 흥국사 홍교의 멍에 구름다리에서는 멍엣돌이 반드시 필요한 구조는 아니지만 옛 다리의 대부분에서 멍엣돌이 보이는 것은 목조 건축의 건조 수법을 그대로 받아들였기 때문인 것으로 보인다.

다리 기둥(橋脚)　윗부분 부재를 받쳐서 하중을 지면에 전달하는 역할을 하는 부재이다. 항상 물에 접하게 되어 예부터 일반 건축물과 달리 물의 저항을 고려하였다.

다리 양끝의 다리 기둥은 교대(橋臺), 중간에 있는 것을 교각(橋脚)이라 부른다. 교각과 교대는 구조 형식이 달라 서로 구분한다. 교각은 항상 물에 접하여 물의 저항을 가장 많이 받는 부분으로 물의 저항을 줄이기 위해 기둥 형태를 배 모양으로 하거나 방형의 기둥을 모로 세웠다.

교대는 보통 하천의 양 기슭에 석축을 하여 교대로 삼았다. 일반 석축과는 달리 교대는 물에 접하고 윗부분의 하중을 받는 구조이기 때문에 심석(心石)을 박아서 튼튼히 하였다.

살곶이다리의 다리 기둥과 바닥(위)
살곶이다리의 다리 기둥 구조(오른쪽)

수표교의 다리 기둥 다리 기둥은 윗부분 부재를 받쳐서 하중을 지면에 전달하는 역할을 하는 부재이다. 이 부분은 항상 물에 접하여 물의 저항을 가장 많이 받는 부분으로 이 저항을 줄이기 위해 기둥 형태를 배 모양으로 하거나 방형의 기둥을 모로 세웠다.(위, 아래)

월정교 하류의 나무다리 기초

월정교의 기초

기초(基礎) 옛 다리가 오늘날까지 많이 남아 있지 못하는 가장 큰 이유 가운데 하나는 기초의 안정성 부족에 있다고 생각된다.

일반 건축물은 대지(垈地) 위에 판축(版築)이나 적심석(積心石)을 다져놓고 기둥을 세웠다. 그러나 다리의 경우는 물과 맞닿는 구조이기 때문에 홍수 때에는 큰 수압(水壓)을 받고 물로 인한 세굴(洗堀) 현상이 일어나 기초 부분을 깎아 기초를 약화시켰다. 이를 방지하고자 여러 가지 방법이 시도되었겠지만 이에 대한 별도의 기록이 없어 알 수 없다. 다만 발굴 조사 과정에서 나타난 결과를 통해 알아볼 수밖에 없다.

현존하는 옛 다리의 기초 형식을 보면 돌다리의 경우 대부분 확대기초 방법을 택하였다. 이 방법은 먼저 지반의 조건에 따라 필요한 깊이만큼 파서 자갈을 깔아 다진다. 그 위에 넓적한 지대석(地臺石)을 놓아 교각을 받치도록 되어 있다. 기초석 주변 바닥이 패이지 않도록 하상(河上)에 자갈돌을 깔아 놓았다. 1986년 발굴 조사한 경주 월성(月城) 남쪽 끝 문천상(蚊川上)에 있는 월정교(8세기 중엽 건조)는 남쪽 교대와 교각 사이에는 목재로 정자(井字)형(가로 2.55미터, 세로 2.68미터)으로 짜서 사이에 잡석다짐을 한 특수한 유구가 보이고 있다.

부대 시설

난간(欄干)　통행 때 안전을 위해 다리 양옆에 막아 세운 구조물이다. 난간이 있는 다리는 격식을 갖춘 다리에 한한다. 궁궐 안의 중요한 위치에 있는 다리는 난간을 제대로 갖추었고 그 밖의 다리는 난간 없는 간편한 다리였다. 민간이나 사찰 등지의 다리는 대부분 난간이 없는 형식이다. 민간 다리 가운데 규모가 큰 경우는 간혹 난간이 있는 경우도 보이는데 수표교가 그 가장 좋은 예이다.

산간 벽지에 설치된 나무다리나 흙다리는 난간 시설을 할 수 없는 구조였다. 나무다리 가운데 일부 난간이 있는 것도 있으나 원래

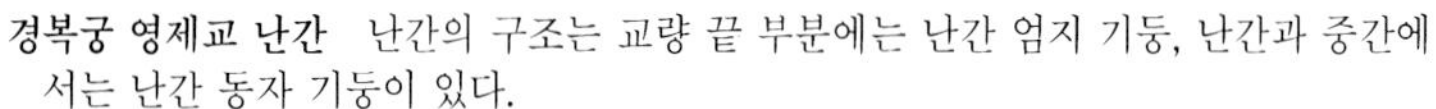

경복궁 영제교 난간　난간의 구조는 교량 끝 부분에는 난간 엄지 기둥, 난간과 중간에서는 난간 동자 기둥이 있다.

벌교 홍교의 다리와 용두석

형태는 알 수 없고 다만 안전과 조형미를 갖추려고 연지(蓮池) 등에 설치하였다. 난간의 구조는 교량 끝 부분에는 난간 엄지 기둥(欄干拇柱), 난간과 중간에 서는 난간 동자 기둥(欄干童子柱)이 있다. 엄지 기둥과 동자 기둥에는 난간 두겁대(欄干頭匣)를 둘렀는데 원형, 8각, 6각, 4각의 형태가 있다. 특수한 경우로 난간 청판(欄干廳板)을 대고 궁창을 낸 경우도 있다(예;창덕궁 금천교).

벽사 시설(辟邪施設) 다리의 난간이나 홍예의 천장에 동물상을 새겨 재앙을 막고자 설치한 조각물이다. 이는 풍수지리설에서 연유된 것이다.

옛 다리에서 가장 널리 사용된 벽사 시설은 용두석(龍頭石)이었다. 일부에서는 이무기돌이라고 하는데 돌다리 홍예 한가운데 거꾸로 매달려서 두 눈을 부릅뜨고 물을 노려보는 형상이다. 누교에서는 보(樑)에 설치한 경우도 있다. 그 밖에도 멍엣돌 양끝에 석수를 조각하거나 엄지 기둥과 동자 기둥에도 설치하였다. 궁중에 있는 다리에는 다리 벽면(橋壁)에 도깨비상을 새기기도 하고 다리 주변에 별도로 설치하기도 하였다.

45쪽 사진

창경궁 옥천교의 귀면상 벽사 시설로 궁중에 있는 다리에는 교면에 도깨비상을 새기기도 하고 다리 주변에 별도로 설치하기도 하였다.

47쪽 사진

다리 비(橋碑) 다리는 남아 있지 않아도 다리 비만 남아 있는 경우가 많다. 다리 비가 세워진 다리는 한결같이 돌다리이다. 옛 사람들이 가장 이상적으로 생각한 다리가 돌다리였다. 이러한 돌다리를 만들게 되면 그 공덕을 기리기 위해 공덕비를 세웠다. 현재까지의 조사에 따르면 현재 남아 있는 옛 다리 비가 30여 개가 남아 있는데 모두 이러한 뜻에서 세운 것들이었다(1990년 필자 조사).

다리 비(橋碑) 내용은 대체로 흙다리나 나무다리는 매년 다시 고쳐 놓아야 하는 번거로움을 덜기 위해 여러 독지가의 헌신적인 노력과 다리 설치에 관련된 사람의 공덕을 후세에 영원히 기리고자 한 내용이었다. 한 예로 이섭교비(利涉橋碑;부산 동래구 온천동)의 내용을 살펴보면 다음과 같다.

이섭교(利涉橋)

물이 깊으면 옷자락을 띠로 맨 데까지 걷어올리고 물이 얕으면 옷을 아랫도리까지 걷어올려서 고통스럽게 물을 건넜는데 이것이 이 다리를 만들게 된 까닭이다. 그러나 처음에는 판자로써 다리를 만들었기 때문에 쉽게 썩었다.

이러한 이유로 해마다 전과 같은 방법으로 고쳐서 만들었지만 백성들에게 큰 피해가 되었다. 일찍이 이 다리를 넓히려고 부역을 하려는 뜻은 있었지만 이를 수행하지는 못하였다. 갑술년(甲戌年; 1634) 겨울에 부중(府中) 몇 사람이 전날의 수리하고자 하는 뜻을 이어서 중들을 불러모으고 기부금을 모았다. 돌을 옮기는 부역을 백성들이 스스로 달려와서 하여 다음해의 봄에 그 일을 완전히 끝냈었다. 이는 실로 지난날에 끝내지 못한 뜻을 불과 며칠 만에 성취한 것이다. 어찌 김진한이 이 일을 처음으로 시작한 자가 아니겠으며 신만재가 이 일을 이룩한 자가 아니겠느냐. 이른바 강물은 흘러도 돌은 구르지 않았고 도선장이 넘쳐도 수레

벌교 홍교의 다리 비 다리를 고칠 때마다 그 공덕을 후세에 기리고자 다리 비를 세워 현재 6개가 나란히 선 채로 보존되고 있다.

바퀴는 젖지 아니한다는 것이니 이 다리에 오르는 자는 의당 그 공을 탄미하고 칭송하며 무수한 세월이 지나도 그 사례하는 말은 영원히 남아 있을 것이다(深厲淺揭 人皆病涉 則此橋之所以作也 然以板爲橋易朽腐 故逐年因舊貫 改作實爲民弊瘼矣曾在廣梯之役 欲並口是也 有意未遂 甲戌各府中數三人 慨然追前之志招集 化禪募緣 財力 運石之役 民自來趨 翌年春 訖其功 此實踵前將營未畢志 而城後不日成功之矣 豈非金振漢始基之 而辛齊成之者乎 所謂江流而石不轉 濟盈而不濡軌則登茲 橋者 亦當嘆而頌功 永有辞於千億矣).

崇禎後乙亥 季春 日 別座 釋尙裕

수표(水標) 수표는 하천 수위계이다. 세종 23년(1441)에 청계천의 수위를 측정하기 위하여 청계천의 수표교(水標橋;원래 이름은 馬廛橋) 옆에 세운 것이다. 현존 수표는 대석(臺石)만 세종 때 세운 것으로 생각되고 그 위의 석재 수표는 영조 25년(1749)에 만든

48쪽 사진

(또는 순조 33년, 1833년에 만들었다고도 함) 것이다. 수표의 형태는 부정형 6면 방추형(方錐形)으로 되어 있다(높이 258센티미터).

돌기둥 앞뒤 양면에 주척(周尺) 1자(21.788센티미터)마다 눈금이 새겨졌는데 앞면에는 2자부터 10자까지, 뒷면에는 1자부터 10자까지 글씨와 눈금인 선이 새겨져 있다. ㅇ 표로 음각되어 있어서 다리에서 갈수(渴水), 평수(平水), 대수(大水)를 알 수 있게 하였다. 이 수표는 청계천 복개 공사로 장충단 공원에 옮겼다가 1973년 청량리 홍릉에 있는 세종대왕 기념사업회관 경내로 옮겨 보존되고 있다. 현존하는 세계 최초의 하천 수위계라 할 수 있다.

수표 청계천 수표교 옆에 세워 수량을 측정하던 것이다. 세종대왕 기념사업회관 소장.

현존하는 옛 다리

도성의 다리

도성(都城)이란 한 국가의 권력 상징인 왕이 거처하는 궁성(宮城)을 비롯하여 행정의 중심지에 내곽(內郭)인 궁성과 외곽인 나곽(羅郭;일명 羅城)을 갖춘 형태의 성곽을 말한다.

우리나라의 경우 삼국 이전, 고대 부족국가시대에는 도성이란 개념이 형성되지 못하였다. 도성은 권력자인 왕이 왕권을 확립 강화하는 시기부터 도성제(都城制)가 갖추어졌다. 고구려시대 후기 장안성(長安城;현재의 平壤城), 백제 웅진 시대(熊津時代:475~538년)의 공산성(公山城), 사비 시대(泗沘時代:538~664년)의 부소산성(扶蘇山城)이 있고 신라의 경우는 나곽을 두르지 않은 금성(金城)이 있다. 삼국의 도성제를 본받아 고려시대의 개성(開城), 조선시대의 한성(漢城)이 잘 알려진 도성 들이다.

도성은 궁성을 포함하여 백성의 일부가 성 안에서 생활할 정도로 규모가 큰 것이 특징이다. 자연 이러한 도성은 한 나라의 수도로서 격에 맞게 조영할 때부터 길을 닦고 다리를 놓아 생활의 기반 시설을 마련하였다.

많은 사람이 모여 살다 보니 다른 어느 지역보다 다리 가설이 일찍 이루어져야 되는 지역이었다. 다리의 숫자도 많고 다른 지역보다 돌다리와 같은 안정된 다리를 많이 가설하였다.

개성(開城)

고려 태조 2년(919)에 송악(松岳) 남방 지역에 도읍을 정한 다음 개성군을 합병하여 개주(開州)라 하였다. 태조 18년(935)에 신라를 복속한 뒤 국도(國都)가 되었다.

도성의 지형은 북쪽에 진산(鎭山)인 송악산이 있고 남쪽에 용수산(龍岫山), 서남쪽에 진봉산(進鳳山)이 둘러져 있다. 이렇듯 주위가 산들로 둘러싸인 지형이었고 성 안에는 많은 구릉과 계곡이 있다. 고려는 개국 초 궁성만 축조하고 시가지를 둘린 나곽은 쌓지 않았다. 이 나성(羅城, 羅郭)은 강감찬 장군의 요청에 따라 현종 20년(1029) 토축(土築)으로 완성하였다. 당시 성의 규모는 둘레 2만 2천 7백 보, 성문 25개소, 나곽이 1만 3천 칸이나 되었다.

성 안에는 송악에서 시작되는 계류가 만월대 좌우를 통하고 서남쪽의 진봉산 남쪽 용수산에서 시작되는 계류가 도성의 동남쪽으로 흘러 보정문(保定門) 옆으로 흘러나간다. 이렇듯 개성은 지형의 기복(起伏)이 많은 곳이다.

만월대 주변에는 남쪽 만월교(滿月橋), 그 동쪽에 중대교(中臺橋), 광화교(廣化橋), 병교(兵橋), 노군교(勞軍橋), 입암교(立岩橋), 부산교(扶山橋), 동대문교(東大門橋), 정지교(貞芝橋), 성동교(城東橋), 황학교(黃鶴橋), 그 남쪽에 현학교(玄鶴橋) 등이 있다.

52쪽 사진

성 안에는 유명한 선죽교(善竹橋)가 자남산(子南山) 동쪽 개울가에 있다. 이 다리는 고려 말 충신 정몽주가 이성계 일파에게 추살(椎殺)된 곳이다. 아직도 이 다리에는 핏자국의 붉은 반점이 남아

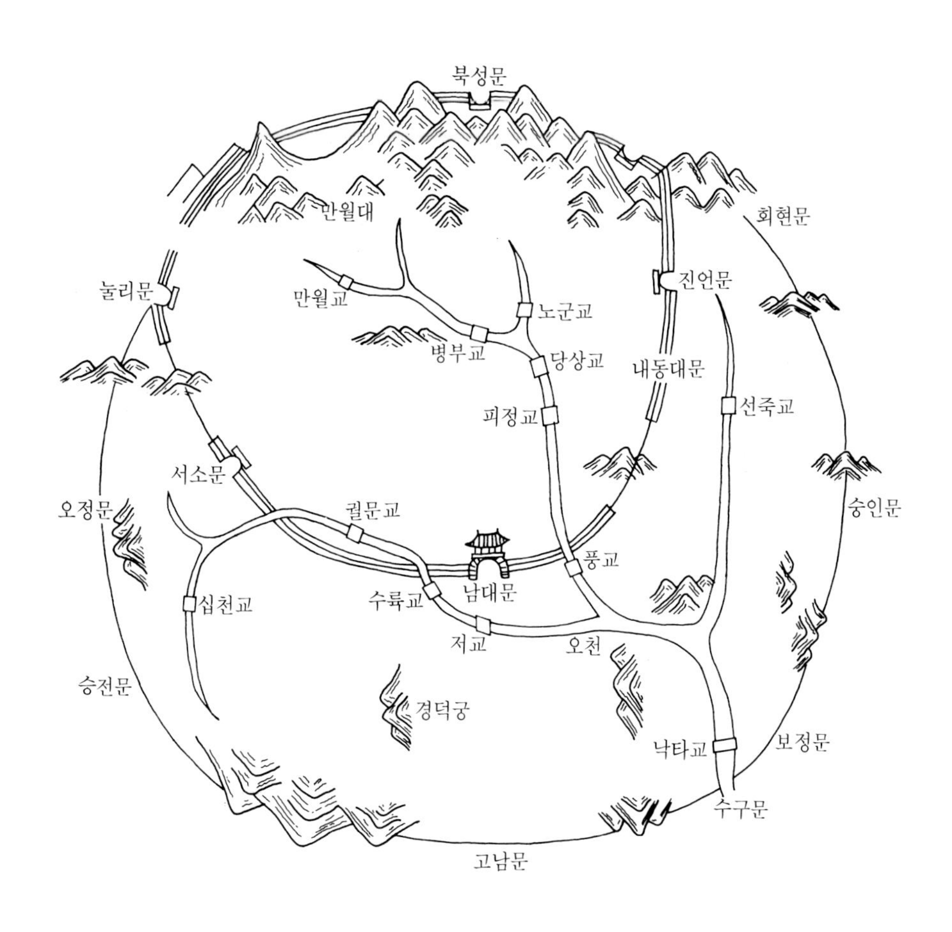

개성의 다리 고려의 도성인 개성에는 북쪽 만월대를 비롯하여 성 안과 밖에 많은 다리를 가설하였다.

선죽교

있다고 한다.

또한 보정문 안쪽에는 탁타교가 있었는데 옛날에는 만부교(萬夫橋)라 하였다. 이 다리 이름이 탁타교(낙타교)라 한 것은 고려 태조 때 글안이 고려와 화친을 위해 낙타 50필과 사신을 보냈으나 고려에서는 글안이 발해를 멸망시킨 무도한 나라라 하여 사신을 귀양 보내고 낙타는 만부교 아래 매어 모두 굶겨 죽였다 하여 붙여진 이름이다.

개성 안에는 궁성인 만월대 주변말고도 전해지는 다리 이름만 20여 개소가 넘는다. 이 밖에 성 밖 계류에도 많은 다리가 있었을 것으로 생각된다.

한성(漢城)

조선 태조는 즉위한 때부터 도성 건설에 큰 관심을 기울였다. 태조 3년(1394) 한양으로 천도하여 태조 5년에 도성 축조를 완료하였다. 서울의 지리적 형세는 북에 백악(白岳)이 솟아 산줄기가 동으로 응봉(鷹峯)이 되고 서쪽으로 뻗어서 인왕산, 동북쪽에 낙타산, 남쪽에 목멱산(남산)이 있다. 이렇듯 사방이 산으로 둘러싸인 분지형으로 많은 구릉과 계곡이 산재해 있는 지형이다.

이러한 지형에 사람과 마차가 통행하기 위해서 도로와 하천이 정비되고 길마다 많은 다리가 가설되었다. 태종은 주요 간선 도로를 정비하고 청계천의 개착(開鑿)에 힘을 쏟았다. 도성 안의 다리는 일시에 가설된 것이 아니고 필요에 따라 가설되기도 하고 돌다리로 바뀌기도 하였다.

고종(高宗)을 전후하여 작성된 「한경지략(漢京識略)」「동국여지승람(東國輿地勝覽)」「수선전도(首善全圖)」 등의 사료(史料)에 의하면 당시 서울에 있던 다리는 성 안에 76개소, 성 밖에 10개소가 보인다. 그러나 이 가운데에는 위치와 다리 이름을 알 수 있는 것은 69개소이고 나머지는 위치를 모르거나 이름조차 알 수 없다.

도성 안에 있었던 최초의 다리는 금천교(錦川橋)이다. 이 다리는 지금의 경복궁 서쪽 바깥 지역에 자리했는데 뒤에 금청교(禁清橋)로 불리었다.

한양 종부시 돌다리

처음으로 도성 안에 설치된 돌다리는 광통교(廣通橋)이다. 이 다리는 태종 10년(1410)에 가설되었는데 오늘날 종로 사거리에서 남대문에 이르는 곳인 광교 지역 안의 긴 다리였다.

그 밖의 성 밖에도 다리가 만들어졌다. 동대문 남쪽 청계천의 오칸 수문(五間水門)을 거쳐 중랑천에 합류하기 전 영도교(永道橋, 일명 柱尋坪大橋)가 있고 중랑천 상류에 송계교(松溪橋)라는 다리가 있었다.

하류에는 조선시대에 만들어진 다리로는 가장 긴 다리인 유명한 살곶이다리(箭串橋)가 있다. 도성의 서쪽 외곽 만초천(蔓草川)에는 혁교(革橋), 경영교(經營橋) 등의 다리가 있었다.

한성의 다리

1. 북어교	2. 장생전교	3. 십자각교	4. 서영교
5. 자수궁교	6. 신교	7. 북창교	8. 장원서교
9. 심교	10. 중학교	11. 미상	12. 송담교
13. 승전색교	14. 종심교	15. 금청교	16. 미상
17. 미상	18. 송기교	19. 미상	20. 미상
21. 혜정교	22. 철물교	23. 광통교	24. 장통교
25. 광제교	26. 모진교	27. 미상	28. 군기사교
29. 곡교	30. 수표교	31. 미상	32. 소광통교
33. 미자옹교	34. 동현교	35. 전도감교	36. 수각교
37. 미상	38. 미상	39. 미상	40. 주자교
41. 필동교	42. 무심교	43. 석교	44. 무심교
45. 청녕교	46. 어청교	47. 미상	48. 염초교
49. 미상	50. 미상	51. 부동교	52. 신교
53. 효경교	54. 하랑교	55. 파자교	56. 종묘전교
57. 미상	58. 미상	59. 미상	60. 이교
61. 마진교	62. 미상	63. 미상	64. 황교
65. 금천교	66. 옥천교	67. 사락교	68. 관기교
69. 향교	70. 토교	71. 광례교	72. 의교
73. 장경교	74. 신석교	75. 초교	76. 방목교
77. 영도교	78. 전도감교	79. 전관교	80. 주교
81. 염초청교	82. 비교	83. 신교	84. 경교
85. 석교	86. 홍제교		

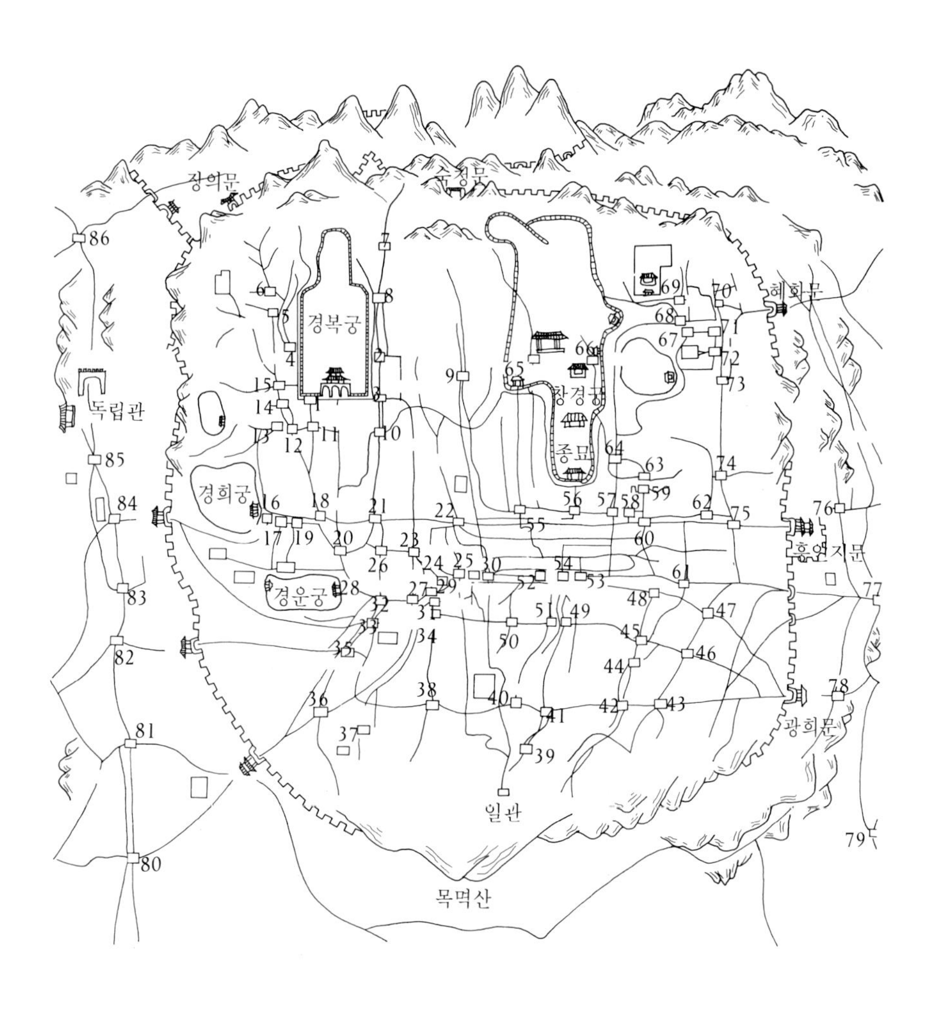

창의문
숙정문
혜화문
경복궁
창경궁
종묘
독립관
경희궁
경운궁
흥인지문
광희문
일관
목멱산

궁궐의 다리

왕궁에는 모두 정전(正殿)에 이르는 외당(外堂) 앞에 명당수(明堂水)가 흐르는 어구(御溝)가 있다. 이 어구 위에는 돌다리가 있게 마련이다. 경복궁의 영제교(永濟橋), 창경궁의 옥천교(玉川橋), 창덕궁의 금천교(錦川橋), 덕수궁의 금천교(錦川橋)가 그러한 다리이다. 이러한 다리는 단순한 연결 기능말고도 왕궁의 격에 맞는 멋을 부렸다. 궁궐 안 정전의 어도(御道)가 가운데가 한 단 높고 좌우가 낮은 3구(三區) 통로이므로 다리 역시 삼도(三道)로 하여 신분에 따라 통행을 구분한 듯하다.

다리 형식도 조형미를 생각하여 구름다리 형식을 취하고 다리 부재의 벽면, 난간과 멍엣돌에는 괴면(鬼面), 석수(石獸) 등을 조각하여 각종 재앙을 막고자 하였다. 다리의 폭도 왕의 어가 행렬에 걸맞는 폭으로 넓게 하였다. 궁궐 안에는 이러한 다리말고도 경내의 소하천에 수많은 다리가 놓여졌었다. 정전에 이르는 길목이 아닌 다리는 간결한 널다리 형식이 많았다. 이러한 돌다리들은 형식은 간략하게 하였으나 화강석을 잘 가공하여 튼튼하면서 정성을 들여 쌓은 흔적이 뚜렷하다. 그 밖에도 궁궐의 연못 안에 있는 정자에 가기 위해 조형미 있는 다리를 설치하기도 하였다.

경복궁 영제교(永濟橋)

57, 58쪽 사진

이 다리는 경복궁 동문인 건춘문(建春門)에서 경천사 10층석탑을 지나 근정전(勤政殿) 뒤쪽에 이르는 길목 작은 하천에 걸쳐져 있다. 원래의 위치는 근정문과 그 앞의 홍례문 사이에 놓여 있었던 것인데 일정 때 조선총독부 건물을 신축하면서 헐어 내었던 것을 1965년 현 위치로 옮겨 복원하였다. 그러나 개천 폭이 맞지 않아 원래 2칸의 홍예교를 단칸으로 가설하여 길이가 폭에 비해 짧은

경복궁 영제교 원래는 근정문과 그 앞의 홍례문 사이에 놓여져 있었던 것인데 일정 때 조선총독부 건물을 신축하면서 헐어 내었던 것을 현 위치로 옮겨 복원하였다.

등 비례가 맞지 않는다.

처음 이 다리가 놓여진 것은 경복궁이 창건된 태조 3년(1394)에 새 왕조의 위엄을 갖추기 위해 경복궁을 짓고 개경(開京)에서 천도하기 직전이었다. 그러나 임진왜란 때 경복궁이 불에 타서 영제교도 폐교(閉橋)되고 말았다가 고종 3년(1867) 경복궁 중건 때에 중수되었다.

경복궁 영제교 교각은 홍예를 틀었는데 옮겨지면서 다소 옛 모습을 잃은 듯하다. 다리 좌우에는 4마리의 석수 조각이 배치되어 있다.(위, 아래)

이 돌다리의 다리 바닥은 중앙에 어로(御路)를 두어 한 단을 높게 하였다. 좌우의 난간은 다리 끝에 조각상을 한 엄지 기둥을 세우고 사이에는 하엽(荷葉)의 동자(童子)를 세워 팔각의 돌란대를 얹었다. 교각은 홍예를 틀었는데 옮겨지면서 다소 옛 모습을 잃은 듯하다. 이 다리 좌우에 석수(石獸) 4마리가 금방이라도 물에 들어가 잡귀를 물리칠 기세로 웅크리고 있는 모습으로 조선시대 뛰어난 석조물의 하나이다.

58쪽 위 사진

58쪽 아래 사진

향원지 취향교(醉香橋)

현재의 향원지는 고종 10년(1873)에 연못 북쪽 건청궁(乾清宮; 지금의 국립민속박물관 자리)을 건립하면서 연못을 개축하고 섬에다 향원정을 다시 짓고 북쪽 건청궁에서 향원정에 들어가는 나무다리를 설치하고 취향교(醉香橋)라 하였다. 다리 규모는 길이가 32미터, 폭 1.65미터이다. 취향교는 원래 북쪽에 있었는데 1953년 남쪽으로 옮겼다.

다리 구조는 연지에 일정 간격으로 방형의 교각을 양쪽으로 세우고 그 위에 멍엣돌을 걸쳐 아랫부분 구조는 석재로 하고 윗부분 구조는 목재로 하면서 궁판의 난간을 설치하여 멋을 부렸다. 조선시대 원지(苑池)에 놓은 나무다리로 가장 긴 다리이다.

향원지 취향교 다리 바닥(왼쪽)
향원지와 취향교(뒤)

창경궁 옥천교(昌慶宮 玉川橋)

창경궁의 정문인 홍화문(弘化門)을 들어서면 본전인 명정전(明政殿)이 보이는데 그 앞 명정문(明政門)에 이르는 길 위에 옥천교(玉川橋)가 놓여 있다.

창경궁 경내에는 남북으로 꿰뚫은 작은 하천이 있다. 하천 위에는 각종의 옛 다리가 남아 있는데 옥천교도 이 가운데 하나이다. 다리의 규모는 길이 9.5미터, 폭 5.8미터의 아담한 다리이며 홍예 난간, 석수 등이 섬세하게 조각되어 있다.

이 다리의 축조 시기는 조선 성종 15년(1484) 창경궁을 경영할 때 함께 가설한 것으로 보인다.

그 뒤 임진왜란 때 창경궁이 불타고 광해군 때 중수가 이루어졌는데 이때 이 다리가 중수되었는지는 알 수 없으나 돌다리이므로 큰 피해를 입지 않았을 것으로 보아 처음의 모습이 대부분 남아 있는 것으로 생각된다.

다리 바닥은 정전에 이르는 어도(御道)의 연결 부분으로 삼도 형식으로 되어 있다. 바닥돌은 장대석으로 경계를 삼아 셋으로 구분해서 가운데 바닥을 약간 높였고 2개의 반원형 홍예로 교각을 이루고 있다.

그 홍예 한가운데 난간 시설은 양쪽 끝의 엄지 기둥과 동자 기둥이 같은 형태로 배치되었고, 그 사이를 회란석(廻欄石)으로 연결하는 돌난간을 만들었다.

중앙 벽면에 삼각형 모양으로 괴면을 설치한 것도 궁중의 재앙과 잡귀를 물리치기 위해 만든 벽사 시설이다.

이 다리는 단순한 통행 기능말고도 장식적인 효과를 고려하여 섬세한 각종 음각이 남아 있어 궁중의 다리 가운데서 가장 뛰어난 걸작품으로 궁중 다리로는 유일하게 보물 제386호로 지정되었다.

창경궁 옥천교 이 다리는 조선 성종 15년(1484) 창경궁을 경영할 때 함께 가설한 것으로 보인다. 다리의 규모는 길이 9.5미터, 폭 5.0미터의 아담한 다리이며 홍예 난간, 석수 등이 섬세하게 조각되어 있다.

창경궁 통명전 옆 지당석교 지당 위에 동서 방향으로 길이 3.54미터, 폭 2.5미터의 2칸으로 널다리 형식의 간결한 돌다리를 놓았다.

창경궁 지당석교(池塘石橋)

창경궁 안 통명전(通明殿) 서쪽에 방형의 지당이 있다. 이 지당 위에 간결한 석교가 있는데 이는 다리의 연결 기능보다 조형적인 효과를 고려한 돌다리이다. 이 다리가 놓여진 지당은 남북 12.8미터, 동서 5.2미터의 장방형이다. 지당의 4면은 장대석으로 쌓고 정교하게 가공한 돌난간으로 둘렀다.

지당 위에 동서 방향으로 길이 3.54미터, 폭 2.5미터의 2칸으로 널다리 형식의 간결한 돌다리를 놓았다. 이 다리 끝 부분은 다리 바닥 높이에 맞추어 건물 사이를 통할 수 있게 바닥 통로를 내놓았다. 이 지당의 물도 북쪽 4.6미터의 거리에 있는 샘에서 넘쳐 석구(石溝)를 거쳐 들어가게 하였는데 「성종실록」에 의하면 원래 수로(水路)의 재료는 동(銅)이었음을 알 수 있다. 한국의 지당 가운데 가장 아름다운 곳으로서 보물 제818호로 지정되어 있다.

지당석교의 바닥재 옆면과 다리

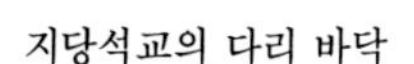
지당석교의 다리 바닥

창덕궁 금천교(昌德宮 錦川橋)

창덕궁의 정문인 돈화문(敦化門)을 들어서서 북쪽으로 가다가 본전인 인정전(仁政殿)으로 가는 바로 오른쪽에 있다. 이곳은 일제시대 때 없어진 진선문(進善門) 바로 바깥에 해당된다. 이곳을 흐르는 계류(溪流)의 명칭이 금천이라 하여 금천교라고 불린다. 이 다리는 현존하는 궁궐 안의 다리로서 가장 오래 된 것인데 「태종실록」에 의하면 다리의 축조는 태종 11년(1411)으로 진선문 앞에 박자청(朴子青)이 공역(功役)을 감동(監董;감독)하였다고 하였다.

67쪽 사진

금천교는 2개의 홍예로 구성하였는데 하천 한가운데에 돌로 홍예 기초를 하고 홍예를 틀어 올렸으며 홍예 기석 위에 하마 모양의

창덕궁 금천교 이 다리는 현존하는 궁궐 안의 다리로서는 가장 오래 된 것으로 홍예 2체로 구성하였다.

금천교의 멍엣돌과 석수

석수를 배치하였다. 홍예가 모이는 지점에는 괴면을 양각하여 조각하였고 교각 윗부분 다리 바닥 아래에는 멍엣돌을 난간 밖으로 내밀어 용두상(龍頭像)을 조각하여 놓았다.

다리 바닥은 어도(御道) 형식을 취하였는데 장대석을 가지고 셋으로 나누어 옆으로 놓았는데 바닥돌이 가운데가 약간 높게 곡면의 장대석을 깔아 놓은 것이 특징이다. 난간은 이주석(離柱石)인 엄지 기둥과 동자 기둥 사이에 회란석을 연결하는 돌난간을 만들었다. 돌난간에는 풍혈(風穴)을 내고 장고 모양의 동자 기둥을 양각해 놓는 등 아름답고 정교한 조각이 일품이다. 금천교의 규모는 길이 13미터, 폭 12미터로 다리 폭이 가장 넓다.

성곽의 다리

성곽(城郭)이란 적의 침입에 대비하여 효과적인 방어를 하기 위한 시설물로서 이를 위해 방어에 유리한 지형에 구조물을 세웠다. 처음에는 산꼭대기에 성벽을 두른 퇴뫼형(山頂式) 산성이 주로 축조되다가 차츰 규모도 커지면서 계곡을 포함한 포곡형(包谷式) 산성으로 발전하게 되었다. 산성뿐 아니라 규모가 큰 도성과 오늘날 시가지의 중심이 된 읍성에서는 계곡이나 하천을 성 안에 갖기 마련이다. 외적을 막기 위해 성벽을 연결하기 위해 수로에 대한 대책도 필요하였다.

그래서 산꼭대기를 둘러싼 성곽에서는 성 안의 물이 빠져 나갈 간단한 수구를 군데군데 만들어 두었다. 그러나 규모가 큰 산성이나 도성 등지에는 수문(水門)을 설치하여 성벽을 연결시키고 외적의 잠입(潛入)을 막기 위한 방법이 동시에 해결되어야 했다. 이러한 목적에서 발생한 것이 성곽의 수문 형식 다리이다. 이러한 다리는 단순히 물이 빠져 나가는 기능말고도 수문을 설치하여 적이 들어오지 못하게 하고 물을 따라 들어오는 적을 감시하기 위한 감시 시설이 필요하였다. 한편 성곽의 다리는 윗부분의 연결 기능말고도 성벽을 주변과 같이 쌓아올리는 등 일반의 다리보다 튼튼한 구조여야 했다. 그러므로 대부분 홍예교의 다리 형태가 주류를 이루고 있다.

화홍문(華虹門)

69쪽 사진

수원성에는 수원천(水原川)이 성내를 남북으로 통하고 있어 남쪽과 북쪽에 2개소의 수문이 있었다. 북수문이 화홍문이다. 남수문은 유구(遺構)가 없어져 이 근처가 시장 터가 되어 복원되지 못하였다. 화홍문은 북문인 장안문의 동쪽에 자리잡고 있다. 수문의 홍예는 모두 7칸으로 중앙의 1칸만 높고 폭도 넓으나 나머지는 같다.

수원성 화홍문 수원성에는 수원천이 성 안을 남북으로 통하고 있어 남쪽과 북쪽에 2개소의 수문이 있었다.(위)

「화성성역의궤」의 은구도(아래)

수문의 바깥쪽에는 철책문(鐵柵門)을 설치한 둔태석(屯太石)과 수문을 잠그는 장군목(將軍木) 구멍이 남아 있다. 바깥쪽의 홍예는 물의 저항을 적게 받기 위하여 기반석(基盤石)을 45도로 다듬고 그 위로 홍예를 틀어 올렸다. 홍예의 크기는 중앙칸이 폭 2.79미터, 높이 2.57미터, 좌우 칸이 폭 2.48미터, 높이 2.4미터이다.

수문 위의 누각은 앞면 3칸, 옆면 2칸의 초익공 누마루 형식으로 하고 지붕은 팔작 지붕 형식이며 마루는 우물 마루 형식이다. 누각의 북쪽 면에는 낮은 여장(女墻;성 위에 덧쌓은 낮은 담)으로 막고 위에는 전판문(箭板門)을 설치하여 틀을 여장에 끼우고 건물의 귀기둥 밖으로는 높은 여장으로 막았다. 이 수문의 설치는 수원성의 성역이 착공된 정조 18년(1794)에 수원성의 여러 시설물 가운데 가장 먼저 설치하였던 화홍문 공사 때 이루어진 것이다.

홍지수문(弘智水門)

73, 74쪽 사진

종로구 홍지동 산 4번지와 136번지 사이의 세검정 길가 홍제천(弘濟川) 위에 걸쳐진 5칸의 수문이다. 홍지문(弘智門)과 탕춘대성(蕩春臺城)으로 잘 알려진 이 수문은 성벽의 일부인 성곽의 다리로 구조되었다.

71쪽 위 사진

홍지문은 화강석으로 홍예를 튼 육축(陸築) 위에 정면 3칸, 측면 2칸 규모에 단층 우진각 지붕이며 사방이 트여 있다. 이 성문에 잇대어 개천 위를 5칸의 수문으로 연결시켜 놓았다. 다리 규모는 길이 26.7미터, 폭 6.8미터이며 각 수구의 홍예틀은 폭 3.7미터, 높이 2.7미터의 규모이다. 현재의 수문과 홍지문은 1921년 홍수로 훼손된 것을 1977년 복원한 것이다.

원래 이 수문과 홍지문의 설치 시기는 숙종 4년(1715)으로 축성 당시에는 북쪽을 호위한다는 뜻으로 한북문(漢北門)이라 하던 것을 그 뒤 숙종이 친필로 '홍지문(弘智門)' 편액(扁額)을 써서 달아 홍지문이라 한다.

이 수문 다리 위에는 여장을 쌓아 성벽의 기능을 하도록 하였고 홍제천 물의 흐름에 잘 조화되게 한 아름다운 성곽의 다리로 평가된다. 홍예틀마다 괴면을 설치하여 잡귀와 외적을 막고자 조각을 장식하였다.

홍시수문 위는 수문과 연결된 홍지문, 아래는 홍예틀에 벽사 시설로 설치된 괴면이다.

홍지수문교 성벽의 다리로 길이가 30미터에 이르는 석조 아치교이다. 거의 없어진 것을 1977년에 복원하였다.(뒤)

弘智門

병영성 홍교(兵營城 虹橋)

이 다리는 강진군 병영면 성동리에 있는 단칸의 반원형 홍예교이다. 병영성은 태종 17년(1417) 남해 지역의 외침에 대비하고자 병마절도사영(兵馬節度使營)을 설치하고 전라도의 주(州)와 진(鎭)을 통할하였다. 곧 전라남도와 제주도를 관할권에 둔 최대의 병영이었다.

1894년 동학난을 맞아 이 성은 없어지고 병영도 자취만 남게 되었다. 이 구름다리는 일명 배진강(背津江)다리라고도 한다. 병영

병영성 홍교 이 구름다리는 일명 배진강다리라고도 한다. 병영의 관문으로 배진강에 축조된 다리는 폭 6.75미터, 높이 4.5미터의 화강석 홍예를 틀었다. 홍예 윗부분 중앙의 용두는 여의주를 입에 물고 있는 형상을 하고 있다.

병영성 홍교의 홍예 부분 화강석 홍예틀 위의 면석은 자연석 절석을 쌓았고 다리 바닥은 점토로 다졌다.

의 관문으로 배진강에 축조된 다리는 폭 6.75미터, 높이 4.5미터의 화강석 홍예를 틀었고 홍예틀 위의 면석은 자연석 절석(切石)을 난적(亂積)하였고, 다리 바닥은 점토로 다졌다. 홍예 윗부분 중앙의 용두는 여의주를 입에 물고 있는 형상을 하고 있다.

건축 연대는 숭록대부(崇祿大夫)가 된 유한계(劉漢啓)의 금의환향을 기념하여 축조하였다는 내용으로 보아 병영성 축조와는 관계없이 18세기에 축조된 다리이다.

옥하리 홍교 다리의 규모는 길이 8.7미터, 높이 4.2미터이고 구조는 반원형의 단칸 홍예교이다. 홍예의 정면이 되는 서쪽에 용두, 반대쪽에 용미를 조각하였다. 위는 홍교의 모습이고 옆면 왼쪽은 홍예틀과 용두석, 오른쪽은 면석을 쌓은 모습이다.

고흥 옥하리 홍교

이 다리는 전남 고흥군 고흥읍 옥하리에 위치한 흥양읍성(興陽邑城)의 수문(水門)이다.

이 읍성은 세종 23년(1441)에 축조된 것으로 추정한다. 성 둘레는 약 1.7킬로미터에 달하는 산과 평지를 함께 두른 평산성(平山城) 형식이다. 이 성에는 성 안에 들어오는 고흥천의 수구 홍예(水口虹霓)가 서문과 남문 쪽에 150미터 간격으로 2개가 있다. 이 가운데 위쪽의 홍교가 문화재(지방유형문화재 제73호)로 지정되었다.

다리의 규모는 길이 8.7미터, 높이 4.2미터이고 구조는 반원형의 단칸 홍예교로 개울 바닥에 몇 개의 선단석(扇單石)을 설치하고 그 위에 머릿돌은 2, 3개의 장방형 각재를 사용하였다. 또 홍예의 정면이 되는 서쪽에 용두(龍頭)를, 그 반대되는 동쪽에는 용미(龍尾)를 조각하였다. 여기에서 주목되는 것은 노면을 형성하고 있는 서향 왼쪽의 장대석에 해서체로 각자(刻字)가 되어 있어 이 홍교의 창건은 고종 8년(1871)임을 알 수 있다. 이 다리는 성곽의 축조와 달리 별도로 가설했다고 보인다.

76쪽 사진

사찰의 다리

예부터 승려 가운데에는 가교(架橋) 기술자가 많았다. 불교에서 선업(善業)으로 생각하는 것 가운데 보시(布施)가 있다. 보시는 재물을 남에게 나누어 주든가 스스로 자신이 고행하면서 남에게 은혜를 베푸는 일이다. 이러한 활동에 가장 적합하게 표현되는 것 중의 하나가 다리를 놓는 일이었다. 다리를 놓아 사람이 불편없이 다니도록 하는 것(越川功德)은 불교 사상과 맞는 일이기 때문이다.

한편으로 사찰이 있는 위치가 심산 유곡으로 다리의 가설 필요성이 다른 어느 지역보다 많기도 하였다. 사찰의 안팎뿐 아니라 민간 지역에서의 가교에까지 승려들이 다수 참여한 사실이 많았다. 현재 사찰 주변에 아름다운 옛 다리가 많이 남아 있는 것도 승려들이 우수한 다리 축조 기술자라는 수준을 말해 주는 것이라 하겠다.

사찰 지역에는 구름다리 형식의 다리가 많이 보인다. 이는 다리라는 구조물을 경계로 하여 천상(天上)의 불국(佛國)과 지상(地上)의 속세를 잇는 사상적인 의미를 포함하고 있는 듯하다. 또한 사찰이 있는 위치는 주변의 빼어난 경관에 어울리는 다리의 형식이 널다리보다는 구름다리가 더욱 어울리기 때문이기도 하다. 그 밖에 사찰의 다리에는 누다리(樓橋)와 계단 형식의 다리도 보이고 있다.

불국사 청운교, 백운교

79쪽 사진
81쪽 사진

불국사의 경내는 계단식 돌다리인 청운교(青雲橋), 백운교(白雲橋)와 연화교(蓮花橋), 칠보교(七寶橋)로 구분된다. 다리 위에는 부처님의 나라인 불국의 땅이요, 아래는 범부(凡夫)의 땅이다.

청운교, 백운교는 국보 제23호로 지정된 우리나라에 현존하는 가장 오래 된 다리이다. 이 다리의 조성은 경덕왕 10년(751) 김대성이 불국사를 조영할 때 가설한 것이다.

불국사 청운교, 백운교 우리나라에 현존하는 가장 오래 된 다리이다. 이 다리는 중앙에 와장대석이 설치되어 있어 두 부분으로 나뉜다. 아래의 계단이 청운교이고 위의 계단이 백운교이다.

일반 다리와 달리 계단 형식의 다리로 이것을 통해 오르면 다보여래의 불국 세계로 통하는 자하문에 연결된다.

이 다리는 중앙에 와장대석(臥長臺石)이 설치되어 있어 두 부분으로 나뉜다. 아래의 계단이 청운교이고 위의 계단이 백운교에 해당된다. 청운교와 백운교가 이어지는 참의 아래 구성은 홍예로 틀었다. 참은 구품연지(九品蓮池)로 흘러드는 물이 홍예 아래로 통과하였다고 한다.

백운교 아래의 홍예는 석축 허리에 설치된 통로를 위한 것이다. 난간은 법수(法首)에 돌란대를 걸고 중앙에 하엽 동자(荷葉童子)를 세워 받치도록 되었는데 법수에는 주두와 동자가 조각되어 있다.

이 다리는 일반적인 다리는 아니나 돌다리 설치로 인한 배려와 종교적인 의미를 갖는 상징성도 함께 하고 있다고 보인다.

불국사 연화교, 칠보교

불국사 경내의 안양문(安養門) 앞에 설치된 계단형 돌다리로 청운교, 백운교와 함께 경덕왕 10년(751)에 조성된 것이다. 이 다리를 통해 아미타여래의 불국 세계로 통하는 안양문에 연결된다. 아랫단이 연화교이고 윗단이 칠보교이다. 디딤돌마다 연꽃의 안상(眼像)을 무늬 놓듯이 아름답게 조각하여 놓았다. 층층다리의 디딤돌은 좌우로 나누어져 있는데, 중간에 참이 있고 다시 계단이 시작되어 안양문 앞 석대에 이른다.

85쪽 사진

다리의 좌우 난간은 직선의 와장대를 설치하고 법수와 동자 기둥으로 돌란대를 받도록 하였다.

국보 제22호로 지정된 이 다리는 창건 이후 1916년경에 일본인에 의해 해체 수리되었다가 1968년 다시 수리를 하여 오늘에 이르고 있다.

불국사 청운교, 백운교 청운교와 백운교가 이어지는 참의 아래 구성은 홍예로 틀었다. 참은 구품연지로 흘러드는 물이 홍예 아래로 통과하였다고 한다. 백운교 아래의 홍예는 석축 허리에 설치된 통로를 위한 것이다.(위, 아래)

불국사 연화교, 칠보교 불국사 경내의 안양문 앞에 설치된 계단형 돌다리로 청운교, 백운교와 함께 경덕왕 10년에 조성된 것이다.

불국사 연화교, 칠보교 다리의 아랫단이 연화교이고 윗단이 칠보교이다. 이 다리를 통해 안양문에 연결된다.

연화교와 칠보교 세부 장식 위는 좌우 난간으로 직선의 와장대를 설치하고 법수와 동자 기둥으로 돌란대를 받도록 하였다. 아래는 디딤돌로 연꽃의 안상을 무늬 놓듯이 아름답게 조각한 것이다.

흥국사 홍교(興國寺 虹橋)

87쪽 사진

전남 여천군 삼일읍 중흥리 흥국사 입구 계곡에 걸쳐진 아름다운 무지개다리이다.「사적기(寺蹟記)」에 따르면 이 다리는 인조(仁祖) 17년(1639)에 가설되었다고 한다. 그동안 수해를 입어 몇 차례 부분적인 수리는 하였으나 원형이 잘 보존되어 있다.

다리는 단칸의 반원형 홍예로 홍예 폭이 11.3미터에 이를 정도로 넓다. 우리나라 옛 구름다리의 전형적인 특성을 잘 보여 주고 있다. 다리 외형이 가운데가 높고 양끝이 낮아 자연스러운 곡면을 유지하고, 홍예틀은 반원형을 이루면서 홍예석은 비교적 큰 화강석으로 하고 그 윗돌은 자연석에 가까운 절석을 쌓아 아름다운 조화를 이루고 있다. 홍예 한가운데에 이무기돌을 설치하여 수해를 막기 위한 민간 신앙적인 벽사 시설을 두고 다리 바닥은 멍엣돌을 설치하고 그 위에 흙으로 마감하여 자연스러운 노면(路面)을 유지하도록 하였다.

사찰에서의 구름다리는 사찰 경역을 구분하는 상징적인 의미를 갖는 다리이기도 하다. 주변의 경관이 아름답고 무지개다리의 아름다운 곡선이 어우러진 가장 한국적인 다리이다. 1972년에 보물 제563호로 지정되었다.

선암사 승선교(仙巖寺 昇仙橋)

88쪽 사진

전남 승주군 쌍암면 죽학리 선암사 어귀의 조계산 계류를 건너는 길목에 놓인 다리이다. 이곳에는 무지개 돌다리가 둘이 있는데 절 가까운 곳에 큰 다리가 있고 아래쪽에 작은 다리가 가설되어 있다. 선암사는 우리나라 31대 본산 가운데 하나로 백제 성왕 7년(529)에 아도 화상(阿道和尙)이 창건했다고 전해지고 있으며 임진왜란 때 대부분 불타고 현종(顯宗) 때 중건했으나 또 화재를 당해 순조 25년(1825)에 다시 중건하여 오늘에 이르고 있다.

홍국사 홍교 다리 외형이 가운데가 높고 양끝이 낮아 자연스런 곡면을 유지하고, 홍예틀은 반원형을 이룬다. 홍예석은 비교적 큰 화강석으로 하고 그 윗돌은 자연석에 가까운 절석을 쌓아 아름다운 조화를 이루고 있다.

선암사 승선교 다리의 형태는 아랫부분부터 곡선을 그려 전체 모양은 완전 반원형을 이루고 있다.

선암사 무지개 돌다리 이곳에는 무지개 돌다리가 둘 있는데 절 가까운 곳에 큰 다리가 있고 아래쪽에 작은 다리가 가설되어 있다.

승선교도 임진왜란이 끝난 뒤 사찰을 중건할 때 가설한 것으로 숙종 24년(1698) 호암대사(護岩大師)가 축조했다고 하기도 하고, 순조 25년(1825)에 해붕(海鵬) 스님이 가교하였다고 한다. 그러나 다리의 축조 형식은 옛 형식을 띠고 있음을 알 수 있다.

다리의 형태는 아랫부분부터 곡선을 그려 전체 모양은 완전 반원형을 이루고 있다. 홍예석은 잘 가공한 장대석을 길고 치밀하게 접합시켰다. 그래서 아치의 양쪽에서 보면 30여 개의 장방석이 짜여서 큰 홍예를 이루고 있다. 홍예 맨 위쪽에는 물로 인한 재해를 막고자 이무기돌을 설치해 놓았다. 다리의 아랫부분 구조는 자연 암반을 기초로 하였기 때문에 홍수 때에도 안전하게 견딜 수 있었던 것으로 본다. 이 돌다리 좌우 양쪽의 보수는 이루어졌으나 홍예틀은 원형을 유지한 것이다. 승선교는 보물 제400호로 지정되어 있다.

송광사 삼청교(松廣寺 三清橋)

전남 승주군에 위치한 송광사는 우리나라 삼보 사찰(三寶寺刹) 가운데 하나로 유서가 깊은 사찰이다. 이 사찰은 고려 명종 27년(1197) 보조국사(普照國師) 지눌(知訥)이 대가람을 중창하고 처음에는 수선사(修禪寺)라 부르다가 오늘날에는 송광사라 부른다. 이 절은 보조국사에서 고봉국사(高峰國師)에 이르기까지 16국사를 배출한 자랑스러운 사찰로 현재 국보 제56호로 지정된 국사전(國師殿)에서 모시고 있으며 경내 곳곳에는 국보, 보물 등 국가 지정 문화재가 많다.

이 사찰의 사천왕문을 지나기 전에 계류가 있는데 이곳에 단칸의 반원형 홍예로 구성된 아름다운 무지개다리가 삼청교이다.

다리의 구조를 살펴보면 단홍예로 틀어 좌우 장대석을 잘 가공하여 쌓았다. 멍엣돌을 깔아 그 위에 장대갓돌을 좌우 5개씩 설치하였다. 다리 바닥 윗부분에 정면 4칸, 측면 1칸으로 우화각이 있는데 우리나라에서는 그 유래가 흔치 않은 누교(樓橋) 형식이다. 다리 위의 우화각은 한 면은 맞배, 한 면은 팔작 지붕이다. 이 건물은 조선 숙종 때 중건했고 영조(1706년) 때 중수하였다.

92쪽 사진

홍교의 구조는 19개의 장대석을 짜올려 반원형의 홍예를 이루고 있으며 양쪽 면도 잘 다듬은 장대석을 쌓아올렸다. 홍예 한가운데에는 여의주를 물고 있는 용두가 돌출해 있다. 이 삼청교는 일명 능허교(淩虛橋)라 부르기도 한다. 「능허교 중창기」에 의하면 이 다리는 원래 나무로 된 것을 1707년에 오늘의 홍교로 조성했고 그 뒤 60년이 지난 다음 다시 중건한 것이다.

송광사 삼청교 이 다리는 단홍예로 틀어 좌우 장대석을 잘 가공하여 쌓았다. 멍엣돌을 깔아 그 위에 장대갓돌을 좌우 5개씩 설치하였다. 다리 윗부분에 정면 4칸, 측면 1칸으로 우화각이 있는데 우리나라에서는 그 유래가 흔치 않은 누교 형식이다.

태안사 능파교 이 다리의 특징은 다리와 누각을 겸한 점이다. 사찰에 들어서면 다리를 건너면서 세속의 번뇌를 씻고 불문(佛門)에 입문한다고 한다.

태안사 능파교(泰安寺 凌波橋)

전남 곡성군 죽곡면 원달리에 있는 태안사의 금강문(金剛門)과 누각을 겸한 다리이다.

태안사는 전설에 의하면 경덕왕(景德王) 원년에 이름모를 신승(神僧) 세 사람이 이곳에 절터를 잡고 공부하여 그때부터 절의 역사는 시작되었고 문성왕 때는 명승(明僧) 혜철(慧徹)이 절을 축조하여 그때부터 대안사(大安寺)라는 이름으로 불렀다 한다. 태안사는 신라 문성왕 12년(850) 혜철선사(慧徹禪師)가 창건하고 고려 태조 24년(941)에 중수한 적이 있고, 그 뒤 파손되었던 것을 조선 영조 43년(1767)에 복원하였다. 계곡의 물과 자연 경관이 아름다워 건물을 능파(凌波)라 했다 한다.

이 다리의 특징은 다리와 누각을 겸한 점이다. 사찰에 들어서면 다리를 건너면서 세속의 번뇌를 씻고 불문(佛門)에 입문한다고 한다. 계곡 양쪽에 석축을 쌓아 교대로 삼고 그 양쪽에 통나무로 보를 걸쳐 이 보의 직각 방향으로 굵은 바닥판을 깔았다. 그 위에 정면 3칸, 측면 1칸의 맞배 지붕의 건물은 통나무를 걸쳐 주초를 대신하는 하인방을 걸치고 원주를 세웠다. 원주 위에는 창방과 주두를 결구하고 주심포와 이익공 형식을 혼합한 포작이 소로와 첨차를 갖추고 있다.

보 위에는 양쪽 중도리에 판대공을 놓고 조그마한 반자를 걸었다. 중앙칸에는 용두를 빼내어 장식하였다. 지붕의 구조는 5량 겹처마 맞배 지붕으로 조그마한 문루를 연상하게 하는 다리이다.

태안사 능파교 다리의 구조 계곡 양쪽에 석축을 쌓아 교대로 삼고 그 양쪽에 통나무로 보를 걸친 다음 굵은 바닥판을 깔았다. 그 위에 정면 3칸, 측면 1칸의 맞배 지붕 건물은 통나무를 걸쳐 주초를 대신하는 하인방을 걸치고 원주를 세웠다.

민간(民間)의 다리

다리 가설의 주체(主體)는 원칙적으로 국가였다고 「경국대전」(공전 '교량조')에 나와 있다. 주요 간선 도로상의 다리는 당연히 국가에서 관리하도록 되었었다. 그러나 현실적으로 그러하지 못했다. 여기서의 민간 다리는 민간인 스스로에 의해 만든 다리라는 의미는 아니다. 다리의 가설자가 누구인지 모르는 경우가 대부분이고 국가에서 설치한 다리와는 구분이 어렵다. 그래서 지역적으로 구분하여 궁궐, 사찰 지역말고 일반 백성이 거주하는 지역에 위치한 모든 다리를 민간 다리로 구분하였다.

민간 다리의 주종은 흙다리였다. 예부터 고을마다 주민의 손에 의해 만들어져 널리 활용되었다. 다리 구조상 오래 견디지 못하여 현재 남아 있는 경우는 극히 드물다. 그러나 이 흙다리의 가교 기술은 이어져 오늘날에도 이러한 다리가 놓여진 것을 볼 수 있다.

교비(橋碑)에 의하면 이러한 흙다리나 나무다리가 홍수 등으로 피해를 입어 매년 고쳐야 하는 어려움이 있어 돌다리로 고쳐 놓으면서 이 공덕을 기리기 위해 교비를 세웠다고 되어 있다.

민간 다리는 간단한 외나무다리에서 어가 행렬이 가능할 정도의 큰 다리에 이르기까지 규모나 형식이 다양하다. 이와 같이 광범위하게 각양각색으로 형성된 점이 특색이라 할 수 있다.

수표교(水標橋)

수표교는 옛날 청계천의 수위를 측정하던 수표석(水標石)이 다리 옆에 있었기 때문에 붙여진 이름이다.

95쪽 사진

원래는 마전교(馬廛橋)라 하였다. 지금 위치는 장충단 공원 입구 개천 위로 옮겨져 있다(지방유형문화재 제18호). 청계천의 수위를 측정하는 수표는 여러 차례 옮겨 지금은 홍릉(洪陵) 세종대왕 기념사

업관에 설치되어 있다(보물 제838호). 수표교의 가설 시기는 확실치 않으나 세종 또는 성종 때 가설된 것으로 추정된다.

다리의 규모는 길이 27.5미터, 폭 7.5미터에 높이 4미터이다. 9개씩 5줄로 세워진 교각은 네모와 육모 기둥의 큰 석재를 2단으로 받치고 흐르는 물의 저항을 줄이기 위해 물이 흐르는 방향으로 마름모꼴로 교각을 배치하였다. 그 위에 길이 4, 5미터나 되는 장대석을 걸쳐 놓고 좌우에는 돌난간을 설치하고 바닥은 청판석(廳板石)을 4줄씩 깔았다. 다리 밑에서 보는 천장과 교각은 거대한 화강석으로 절묘하게 결구되어 있다.

조선조 때 도성 안에 가장 많은 다리가 세워진 청계천에 있었던 다리로 현존하는 유일한 다리이다. 또 단순한 돌다리가 아니라 세계 최초의 수량(水量)을 측정하는 과학적 기능을 갖는 의미 있는 다리이기도 하다.

살곶이다리(箭串橋)

96쪽 사진

이 다리는 성동구 왕십리와 뚝섬 사이로 한양대학교 남쪽에 걸쳐진 다리이다. 세종 2년(1420)에 가교 공사를 시작하였다가 성종 14년(1483)에 완성되었다.

다리의 규모는 길이가 75.75미터, 폭이 6미터로 오늘날의 관점에서는 나지막하고 난간도 없이 초라하게 보이나 조선시대에는 가장 긴 다리였다.「용재총화(慵齋叢話)」에 의하면 성종 14년에 "스님이 살곶이다리를 놓으니 그 탄탄함이 반석(盤石)같다 하여 성종이 제반교(濟盤橋)라 어명(御名)한 것"으로 기록되어 있다.

교통의 요충지로서 이 다리를 건너게 되면 한강을 건너는 나룻배길로 통하고 다시 세 갈래로 통하는 길이 된다. 첫째는 광나루를 통해 강원도 강릉으로 통하고, 둘째는 광주군(廣州郡)의 송파(松波)로 통하는 삼전도(三田渡)의 나루터, 셋째는 정남(正南)의 성수

수표교 수표교는 조선 때 도성 안에 가장 많은 다리가 있었던 청계천에 세워진 다리로 현존하는 유일한 다리이다.

살곶이다리 이 다리는 세종 2년에 가교 공사를 시작하였다가 성종 14년에 완성되었다.

동 한강가에 이르러 선릉(宣陵) 등 왕의 배능(拜陵)길이 된다.

이 다리의 구조는 수표교보다 조잡한 방법을 썼다. 횡렬 4, 종렬로 22로 중앙이 약 20센티미터 높게 곡면을 이루고 있으며, 독립 기초 위에 지대한 돌기둥을 세우고 그 위에 받침돌을 올린 다음 긴 멍엣돌을 깔아 그 위에 3줄로 판석(板石)을 붙여 깔았다.

특이한 점은 교각 4개 중 가운데 2개의 교각을 15 내지 40센티미터 가량 낮게 만들어 이 다리의 중량이 안으로 쏠리게 하여 다리의 안정을 꾀하려 했다는 점이다.

1913년에 약간의 보수가 있었고 1920년대 장마 때 일부가 떠내려가 방치된 것을 1971년에 보수, 복원하여 놓았다. 지금은 사적 제160호로 지정 관리되고 있다.

옥천 청석교(沃川 青石橋)

이 다리는 충북 옥천군 군북면 증약리에 위치한 널다리 형식의 다리이다.

신라 문무왕 때인 660년경에 만들어졌다고 전한다. 원래 이 다리는 지금의 위치보다 약 10미터 가량 떨어진 경부선 철도 자리에 있었는데 1939년 철도 공사 때 이곳으로 옮겨 놓았다.

다리 규모는 길이 6.9미터, 폭 2.2미터, 높이 1.75미터인데 다리의 구조는 하천 바닥에 장대석을 깔고 그 위에 방형의 교각을 2개씩 세웠다. 그 위에 교대석을 얹고 그 위에 넓은 상판석(床板石) 6장을 이어 놓아 다리 바닥을 형성하였다. 현재는 개천 폭이 달라지면서 한 쪽을 콘크리트 다리로 연장시켜 이 돌다리와 콘크리트 다리가 대조를 이루고 있다.

신라시대에 축조했다고 전하나 신빙성이 없고 다리의 가구 형식(架構形式)으로 보아 시대가 앞선 오래 된 것임은 틀림없다. 지방유형문화재 제121호로 지정되어 있다.

옥천 청석교

진천 농교 이 다리 위에는 길이 170미터 안팎, 두께 20센티미터 정도의 장대석을 1매로 놓거나 2매로 나란히 놓았다.

진천 농교(鎭川籠橋)

99쪽 사진

이 다리는 진천군 문백면 구곡리의 굴티 부락 앞 세금천(洗錦川)에 축조된 돌다리이다. 이 다리의 규모는 전체 길이 93.6미터로 당초에는 28칸이었으나 양쪽으로 2칸씩 줄어 현재는 24칸이다.

교각에 사용된 석재는 대체로 가로 30센티미터, 세로 40센티미터의 사력암질(砂礫岩質) 돌을 사용하였다. 축조 방법은 반대편 안쪽에서 돌의 뿌리가 서로 엇매겨 물려지도록 쌓되 틈새는 작은 돌이나 뾰족한 돌로 메웠다. 줄눈이나 속을 채우는 석회 물을 보충 없이 돌만으로 건쌓기 방식으로 하였으나 장마에도 유실됨이 없이 그 형상을 유지하고 있다. 교각 위에는 길이 170미터 안팎, 두께 20센티미터 정도의 장대석을 1매로 놓거나 2매로 나란히 놓았다.

이 다리는 교각의 구조가 다른 다리와 특이하게 구축된 다리이다. 오랜 세월 동안 급류에 허물어진 것을 다시 쌓아올리고 또다시 쌓아올리기를 반복하여 교각의 위치와 형태가 그대로 유지되기는

진천 농교 교각에 사용된 석재는 대체로 가로 30센티미터, 세로 40센티미터의 사력암질 돌을 사용하였다.

힘들었을 것으로 생각된다. 이 때문에 교대와 교각 및 상판(床板)의 길이와 간격, 높이 등이 일정치 않다. 교각의 폭은 대체로 4 내지 6미터 범위로 일정하나 두께는 0.7 내지 2.4미터로 매우 큰 차이를 보이고 있다. 폭과 두께가 상단으로 올수록 좁아지고 있다.

이 다리의 축조 시기는 고려 고종 때 권신(權臣)인 임연(林衍) 장군이 그의 전성기에 자신의 출생지인 구곡(九谷) 마을 굴티 앞에 다리를 놓았다고 전하고 있다.

우리의 옛 다리에는 많은 전설과 애환이 서려 있는 것과 같이 농다리도 임진왜란이나 한일합방 등의 국난 때에 울었다는 전설이 있으며, 자연석을 쌓아 만든 구조로 밟으면 움직이고 잡아당기면 돌아가는 돌이 있으므로 '농(籠)다리'라는 이름이 붙게 되었다고 전한다. 지방유형문화재 제28호로 지정되었다.

강경 미내다리(江景 渼奈橋)

강경읍으로 들어가는 금강(錦江)의 지류인 강경천(江景川)의 뚝 밑에 강물이 흐르는 방향과 나란히 놓여져 있다. 이 미내다리는 충남 논산군 채운면(忠南 論山郡 彩雲面) 삼거리에 있고 지방유형문화재 제11호로 지정되어 있다.

이 하천을 미내(渼奈)라고 부른 데서 다리 이름이 '미내다리'라고 하기도 하고 '미내'라는 스님이 시주를 받아 만들었다는 기록도 있으나 교비의 기록에 의하면 이 다리는 영조 4년(1728)에 송만운(宋萬雲) 등이 주동이 되어 공사를 완공하였다는 기록이 있다. 이 기록이 있는 '은진미교비(恩津渼橋碑)'는 파손되어 근년에 국립부여박물관으로 이건하였다.

3개의 홍예로 이룩된 돌다리로 가운데가 크고 남북쪽이 약간 작다. 홍예석은 긴 장대석을 쌓아올리고 가운데 홍예의 이맛돌에는 호랑이 머리를 조각하고 북쪽의 정상 이맛돌은 돌출시켜 용머리를

강경 미내다리 홍예석은 긴 장대석을 쌓아 올리고 가운데 홍예의 이맛돌에는 호랑이 머리를 조각하고 북쪽의 정상 이맛돌은 돌출시켜 용머리를 조각하였다.(위. 아래)

새겼다. 난간석에는 화문(花文)을 새긴 듯하나 마멸되었다. 다리 윗면에는 반턱을 둔 장대 멍엣돌을 난간 밖으로 돌출시켜 턱에 경계석을 끼우도록 하였다. 다리의 규모는 길이 약 30미터, 폭 42.8미터이며 높이는 4.5미터나 된다고 하는데 지금은 대부분이 묻혀 약 2미터 정도만 드러나 있다.

우리나라 여러 곳에서 볼 수 있는 풍속이지만 이 다리를 밟으면 무병하고 소원 성취된다 하여 정월 대보름이면 누구나가 답교(踏橋)하고 있다.

논산 원목다리(論山 院項橋)

103쪽 사진

원목다리는 충남 논산군 채운면 야화리에 소재하고 있다(지방유형문화재 제10호).

옛날에는 다리 어귀에 주막이 있어 나그네의 휴게소를 겸한 시설인 원목(院項)이라는 지명도 간이 역원(簡易驛院)과 길목(項)이라는 뜻에서 유래된 것이다. 이 다리는 언제 세워졌는지 그 내력은 알 수 없으나 근처에 있는 강경 미내다리(1728년)와 거의 같은 시기에 만들어진 것으로 추측된다. 미내다리보다 규모가 약간 작으나 구조나 형태가 비슷하기 때문이다.

길가에 세워진 교비에 의하면 홍수로 파괴된 이 다리를 조선 광무 4년(1900)에 승려 4명과 마을 사람들이 협조하여 다시 세웠다고 적혀 있다.

3칸의 홍예로 연결하여 만든 구조로 중앙칸을 약간 높게 홍예를 틀고 그 중앙에 양쪽으로 용두와 귀면을 튀어나오게 조각하였다. 홍예 사이는 장방형 잡석으로 혼축하여 무사(武砂) 석축으로 쌓았으며 통행로에는 턱이 있는 10개의 장대 멍엣돌을 바깥으로 나오게 끼워 그 턱에 경계석을 꽂아 고정시켰는데 근래에 보수되었다. 다리의 규모는 길이 16미터, 폭 2.4미터, 높이는 2.8미터이다.

논산 원목다리 이 다리는 언제 세워졌는지 그 내력은 알 수 없으나 근처에 있는 강경 미내다리(1728년)와 거의 같은 시기에 만들어진 것으로 추측된다.

남원 오작교(南原 烏鵲橋)

춘향과 이도령이 처음으로 가연을 맺었다는 아름다운 전설이 내려오는 광한루원(廣寒樓苑)은 사적 제303호, 광한루(廣寒樓)가 보물 제281호로 지정되어 있는 이곳은 남원시 천거동에 있다.

광한루는 조선 세종 1년(1419) 때 남원에 유배되어 온 황희(黃喜) 정승이 처음 누각을 세워 광통루(廣通樓)라 한 것이 그 시조이고, 그 뒤 관찰사 정인지가 절경에 심취하여 "월궁(月宮)의 광한청허부(廣寒清虛府)와 흡사하다"라고 말한 것에서 광한루라는 이름을

남원 오작교 세조 8년(1462)에 부사 장의국이 광한루를 크게 수리하면서 연못에 다리를 가설한 것이 오작교이다.(옆면)

광한루와 오작교 오작교는 화강암으로 가공하여 4개의 홍예를 석축으로 길게 쌓아 연결하였는데 길이 33미터, 폭 2.6미터, 높이 4미터를 홍예와 홍예 사이는 가공석으로 면을 처리하였다.(위, 아래)

104쪽 사진 얻게 되었다. 세조 8년(1462) 부사 장의국(張義國)이 광한루를 크게 수리하면서 연못에 다리를 가설한 것이 오작교이다. 그 뒤 선조 때 송강 정철이 광한루를 수리하고 연못에 삼신산(三神山)을 상징하는 3개의 섬을 만들어 섬 안에 고목과 죽림이 우거져 절경을 이루고 있다.

오작교는 화강암으로 가공하여 4개의 홍예를 석축으로 길게 쌓아 연결하였는데 길이는 33미터, 폭 2.6미터, 높이는 4미터로 홍예와 홍예 사이는 가공석으로 면을 처리하였다. 오작교란 전설에 하늘나라 은하수를 사이에 두고 견우와 직녀가 1년을 기다리다 한 번 건너가 만난다는 다리로 까치와 까마귀가 가설해 주는 다리이다. 이 다리는 오작이란 이름을 인용하여 오작교라 하였다고 전한다.

벌교 홍교(筏橋 虹橋)

홍교는 전남 보성군 벌교읍 안의 벌교천에 있다(보물 제304호). 3칸의 화강석 홍예 구조로 된 다리로서 우리나라의 홍교 중 규모가 가장 크다. 조선 영조 5년(1723) 선암사(仙巖寺)의 두 스님이 손수 놓았다고 전하고 있으며 그 이전에는 벌교(筏橋)라는 지명에서도 짐작할 수 있듯이 뗏목을 이은 다리가 있었던 것 같다.

처음 중수한 기록은 다리가 개통된 지 14년 만인 1737년이고 그 뒤 1844년에 크게 개수하여 오늘에 이르고 있다. 주민들은 다리를 보수할 때마다 중수비(重修碑)를 세웠는데 현재 5개의 교비가 있다.

이 다리에서는 60년에 한 번씩 다리 위에서 제사를 지내고 있는데 1959년에는 홍교(虹橋)의 6주갑(周甲) 제사를 치렀는데 일생에 한 번밖에 볼 수 없기 때문에 구경거리가 되었다고 한다. 다음에 치러질 7주갑은 2019년에 행해지므로 기대해 볼 만하다.

길이 27미터, 폭 4미터, 홍예 높이 3미터의 3개의 홍교로 된 이

벌교 홍교 이 다리는 3칸의 화강석 홍예 구조로 된 다리로서 우리나라 홍교 가운데 규모가 가장 크다.

다리는 장대석으로 짜맞추고 홍예마다 천장 가운데 이무기돌이 조각되어 다리 밑의 강물을 굽어보며 이 다리를 지키고 있다. 옛날에는 이무기돌의 코 끝에 풍경을 매달아 은은한 방울 소리가 울려 퍼졌다고 한다.

홍예 사이의 면석은 가공석으로 처리하고 그 위는 돌출되게 멍엣돌을 걸치고 난간석을 얹어 청판석을 깔았는데 바닥을 둥글게 곡을 잡아 처리한 것이 특이하다. 강의 폭이 넓어지면서 홍교에 덧붙여 콘크리트 다리를 가설하였는데 이 콘크리트 다리는 6·25 뒤에 놓은 것으로 현재와 과거가 공존하고 있는데 그 전에는 나무다리가 연결되어 있었다고 한다.

함평 고막천 석교(咸平 古幕川 石橋)

이 다리는 일명 '떡다리'로 불린다. 나주군 문평면과 함평군 학교면의 군계(郡界)에 흐르는 고막천에 동서로 가로걸쳐진 널다리 형식의 돌다리이다.

이 다리는 고려 원종 15년(1274) 무안의 승달산(僧達山)에 있는 법천사(法泉寺)의 고막대사(古幕大師)가 가설했다고 전하고 있다. 이 다리는 이 마을에서 떡을 만들어 가지고 다리를 건너 나주군 영산포 등지에 떡을 팔았다 하여 일명 '떡다리'라고도 하였다고 전하고 있다.

길이가 19.2미터, 폭 3미터, 높이 2.1미터로 교각이 7개이고 목조가구 형식을 석조(石造)에 적용시킨 형식을 취하고 있다. 교각의 받침석을 물 속에 설치하고 교각석을 가공된 돌로써 2, 3층으로 설치하여 다리 바닥을 받치고 있다. 교각석 위에 멍엣돌을 바닥면보다 바깥으로 많이 나오게 하여 받치고 장귀틀석(長耳機石)을 걸쳤다. 귀틀석을 가구(架構)로 하여 바닥돌을 반턱 쪽매로 해서 빈틈없

함평 고막천 석교의 다리 교각은 방형의 굄돌을 올려 놓아 멍엣돌을 받치고 있다.

이 설치하여 바닥을 형성하였다. 이러한 형식은 상당히 옛 방식으로 보인다.

전설에 따르면 이 다리가 큰 홍수에도 끄떡없이 견딜 수 있고 바닥돌조차 움직이지 않는 것은 고막대사가 도술(道術)을 부려 놓았기 때문이라고 한다.

함평 고막천 석교 이 다리는 교각석 위에 멍엣돌을 바닥면보다 바깥으로 많이 나오게 하여 받치고 장귀틀석을 걸쳤다. 귀틀석을 가로로 하여 바닥돌을 빈틈 폭대로 해서 빈틈없이 설치하여 바닥을 형성하였다. 이러한 형식은 상당히 옛 방식으로 보인다.

진도(珍島) 남박다리

우리나라 최남단인 전남 진도군 임화면에 있는 사적 제127호로 지정된 남도석성(南挑石城)의 남문 밖에 동에서 서로 흐르는 개천이 있어 가는골(細雲川)이라 한다. 여기에는 2개의 홍교가 있는데 남문 바로 앞에 쌍홍교(雙虹橋)가 있고 이로부터 약 9미터 하류 거리에 단홍교(單虹橋)가 위치하고 있다.

남도석성은 고려 원종(元宗) 때 배중손(裵仲孫)이 삼별초(三別抄)를 이끌고 남하(1270~1273년)하여 대몽 항쟁의 근거지로 삼으면서 쌓은 성이라는 설이 있으나 확실한 축성 시기는 알 수 없다. 평지성으로 축조된 이 성은 남해와 인접되어 있고 성 둘레는 526미터로 동서남 3개의 문터(門址)가 있다.

남문 밖에 있는 단홍교는 축조 연대와 내력은 알 수 없고 쌍홍교는 해방 직후에 마을 사람들이 놓았다고 전해지고 있는데 두 다리 모두 편마암질의 판석을 불규칙하게 세로로 세워 배열하였는데

외부는 어느 정도 일정하게 쌓았으나 내부는 돌이 일정하지 않아 불규칙한 홍예를 이루고 있다.

이 다리는 각각 넓이 5.5미터, 높이 2미터, 폭 2미터로 규모는 비록 작으나 축조 방식이 전국적으로 찾아보기 어려운 특이한 구조 양식을 취하고 있어 주목을 끌고 있다.

진도 남박다리 위는 진도 임화면 남문 밖에 흐르는 가는골에 세워진 2개의 홍예교 가운데 쌍홍교이다. 이 다리는 해방 직후에 마을 사람들이 놓았다고 전해지는데 편마암길의 판석을 불규칙하게 세로로 세워 배열하였다. 왼쪽 밑은 남문 밖의 단홍교이다.

영산 만년교 이 다리는 길이가 13.5미터, 홍예 넓이 11미터, 높이 5미터, 폭 4.5미터 규모이며 자연 암반 위에 32개의 층으로 홍예를 구축한 위에 자연석으로 난간 쌓기로 석축을 쌓고 아랫부분 바닥은 흙을 깔아 길을 만들었다.

영산 만년교의 다리 바닥

영산 만년교(靈山 萬年橋)

경남 창녕군 영산면 동리에 위치하고 있다(보물 제564호). 이 다리는 조선 정조 4년인 1780년에 석공(石工) 백진기(白進己)가 축조하고, 고종 29년인 1892년에 영산 현감 신관조(申觀朝)가 중수하였다.

112쪽 사진

이 다리가 중수되자 주민들은 남천석 교비(南川石橋碑)를 만들어 다리 입구에 세워 놓고 원님의 공을 기려 일명 '원다리'라고 부르고 있다. 입구에는 또 하나의 교비가 있는데 주민들 사이에 전하는 이야기로는 만년교가 처음 완성될 무렵 13세의 신동이 남산에 살고 있는 산신(山神)의 계시를 받아 썼다는 비석이라고 하는데 비문은 "만년교 십삼세교(萬年橋 十三歲橋)"라고 쓰여져 있다. 이 다리 하류에는 신관조 현감이 만년교를 중수하고 나서 만든 연지(硯池)라는 인공 호수가 있고 항미정(杭眉亭)이라는 정자가 물 가운데 있어 절경을 이룬다.

만년교는 길이가 13.5미터, 홍예 넓이 11미터, 높이 5미터, 폭 4.5미터 규모이며 자연 암반 위에 32개의 층으로 홍예를 구축한 위에 자연석으로 난간 쌓기로 석축을 쌓고 아랫부분 바닥은 흙을 깔아 길을 만들었으며 좋은 날개벽(翼壁)도 자연석으로 쌓았다.

만년 석교는 조선 후기 남부 지방의 토목 공학적 교량 기술을 보여 주는 특이한 예로서 꾸밈새 없는 서민적인 다리이다.

석교리 석교(石橋里 石橋)

경남 남해군 남면 석교리 마을 어귀에서 약 200미터 떨어진 군도상의 콘크리트 다리 옆에 있다. 이 다리가 위치한 곳은 논 사이로 흐르는 자그마한 계류(溪流)에 한 덩이의 돌로 걸쳐진 돌다리이다.

석교리 석교 이 돌다리는 교각이 없는 단칸으로 교대는 20 내지 30센티미터 정도의 절석을 이용하여 난적 쌓기 방식으로 쌓아올렸다.

마을 이름이 석교리라고 부르는 것은 이 다리에서 기인된 것으로 생각된다. 진하는 이야기로는 지금부터 약 400년 전 남면 당항리와 석교리 사이의 주요 통행로에 다리가 없어 주민이 불편을 겪고 있을 때 이 지역 출신 박 장군이란 분이 가교를 하여 주민의 통행을 도왔다 하며 그 뒤 옆에 군도(郡道)가 개설되어 지금 포장되어 이용되고 있다. 이 석교리 석교는 현재 이용은 하지 않고 상징적으로 보존되고 있다.

이 돌다리는 교각이 없는 단칸으로 교대는 20 내지 30센티미터 정도의 절석(切石)을 이용하여 난적(亂積) 쌓기 방식으로 쌓아올렸다. 그 위에 한 장의 널돌(板石)을 걸쳤는데 규모는 길이 2.64미터, 폭 90센티미터, 두께 32센티미터, 무게가 약 4톤 정도이다. 또한 이 다리는 서포 김만중(西浦 金萬重)의 「구운몽(九雲夢)」에서 성진과 팔선녀가 이 석교를 무대로 하여 이야기가 전개되는 소재로 알려지고 있다.

이와 같은 돌다리는 이곳뿐 아니라 전국 각지에 이름이 없이 선조들이 널리 애용한 옛 다리의 한 전형적인 모습을 보여 주고 있는 돌다리이다.

부록 1.
없어진 조선 제1의 다리

광통교(廣通橋)

서울시 종로구 서린동 124번지(현재 광교 사거리)에 있던 광통교는 광통방(廣通坊)에 있던 큰 다리라는 뜻으로 대(大)광통교라 했으며, 북(北)광통교, 광교(廣橋)라고도 불리웠다.

태종(太宗) 10년(1410) 7월 큰 비로 토목교(土木橋)이던 광통교가 유실되었다. 마침 바로 전 해(태종 9년) 2월 정동에 있던 이태조의 계비 강(康)씨의 묘가 현재 성북구의 정릉으로 옮겨갔다. 의정부(議政府)에서는 그 자리에 남아 있던 석물로 광통교를 다시 만들 것을 왕에게 상주(上奏)하였다. 그리하여 태종의 허락으로 광통교는 다시 돌다리로 만들어졌다.

도성 안 최초의 돌다리였던 광통교는 다리폭 15미터, 길이 13미터로 여느 다리보다 폭이 제일 넓었으며, 장방형의 돌에 신장(神將), 구름, 당초(唐草) 등의 모양이 새겨져 있었다.

다리는 개천 가운데에 교각을 일정 간격으로 설치하였는데 광통교는 개천폭이 좁아 두 열의 교각만이 설치되었고 다리폭이 넓어 교각 한 열에는 8개씩의 다리발로 구성되어 있다.

교각의 높이는 현재 물로 인하여 어느 정도 묻혀 있는지 알 수 없으나 노출된 다리발로 미루어 보아 최소한 2.5미터 이상은 될 것으로 추축된다.

광통교에 사용된 다리발은 하나의 돌로 되어 있지 않고 두 개의 돌기둥으로 되어 있는데 기둥 중간에서 이어지도록 되어 있다. 그리고 아래와 위의 부재 길이가 다 같이 1.3미터 정도로 비슷하다.

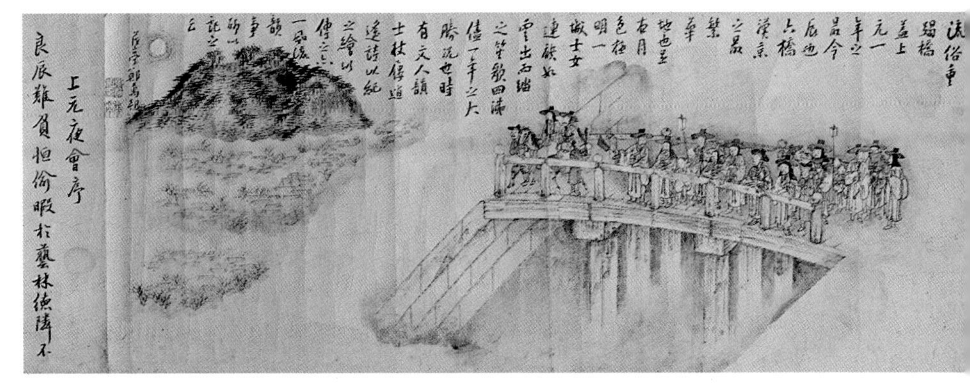

정월 대보름 답교 놀이 풍속도(광통교, 오계주) 정월 대보름 달이 둥실 떠오르는 남산과 남산골의 마을들을 원경으로 하고, 광통교 위에서 시가(詩歌)를 읊조리는 선비들의 다리 밟는 모습을 그렸다.

아랫부재와 윗부재는 정방형에 가까운 장대기둥으로 아랫부재가 윗부재보다 다소 큰 것을 사용하여 외관상 안정감을 갖게 하였다.

교각 내 8개의 다리발은 같은 간격으로 구성되었는데 다리발 간격이 평균 2.1미터이다. 이 다리발은 유수 방향을 고려하여 모로 세워 놓음으로써 물의 저항을 덜 받도록 설치되어 있다.

광통교의 교대에 사용된 석재는 장방형의 장대석을 주로 사용하였으며 왕릉 석물(王陵石物)인 호석(護石)의 병풍석(屛風石)이 사용되었다.

우리나라의 다리는 특수한 경우를 제외하고는 다리에 난간 시설을 하지 않았으나 이 다리는 가설할 때에 정릉 석난간을 그대로 옮겨와 설치하였다.

조선시대 사람들은 정월 대보름날 다리밟기를 하면 1년 동안 다리에 병이 들지 않는 것은 물론 재앙도 막을 수 있다고 믿고

청계천 도로 밑에 있는 광통교 교각 광통교는 1958년 청계천 복개 공사로 인하여 모습을 감추었는데 이때 광통교의 윗부재는 없어지고 현재는 아래의 교각과 교대만이 일부 남아 있다.

밤을 새워 자기의 나이만큼 다리를 밟았는데 도성 안 다리 가운데 광통교가 가장 성황을 이루었다고 한다.

이렇듯 많은 사람들의 사랑을 받아오던 광통교는 1958년 청계천을 복개할 때 원래의 모습을 간직한 채 도로 밑으로 그 모습을 감추었다.

부록 2.

옛 다리의 명칭

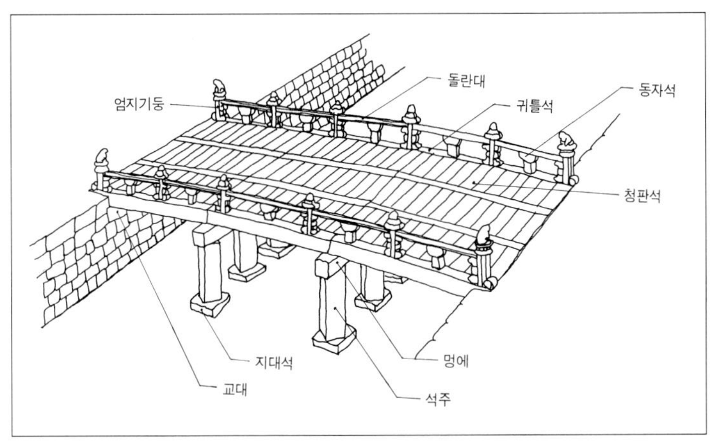

널다리

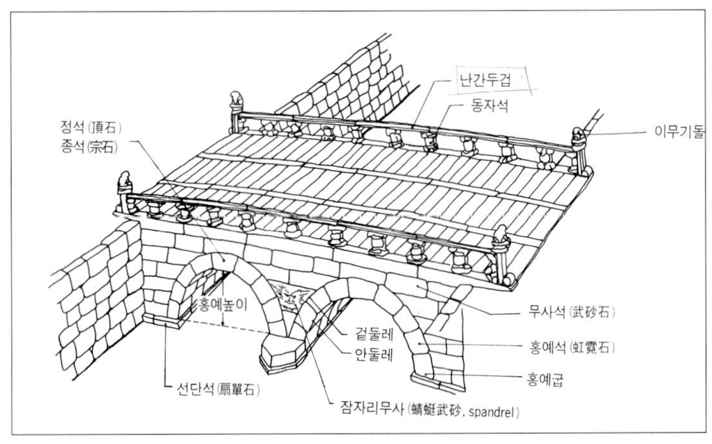

구름다리

빛깔있는 책들 101-18

옛 다리

글 —손영식
사진 —안장헌, 임원순

발행인 —장세우
발행처 —주식회사 대원사

주간 —박찬중
편집 —김한주, 신현희, 조은정, 황인원
미술 —차장/김진락
윤용주, 이정은, 조옥례
전산사식 —김정숙, 육양희, 이규헌

첫판 1쇄 —1990년 9월 29일 발행
첫판 5쇄 —2003년 4월 30일 발행

주식회사 대원사
우편번호/140-901
서울 용산구 후암동 358-17
전화번호/(02) 757-6717~9
팩시밀리/(02) 775-8043
등록번호/제 3-191호
http://www.daewonsa.co.kr

이 책에 실린 글과 그림은, 저자와 주식회사 대원사의 동의가 없이는 아무도 이용하실 수 없습니다.

잘못된 책은 책방에서 바꿔 드립니다.

값 13,000원

Daewonsa Publishing Co., Ltd.
Printed in Korea(1990)

ISBN 89-369-0018-8 00540

빛깔있는 책들

민속(분류번호 : 101)

1 짚문화 2 유기 3 소반 4 민속놀이(개정판) 5 전통 매듭
6 전통 자수 7 복식 8 팔도 굿 9 제주 성읍 마을 10 조상 제례
11 한국의 배 12 한국의 춤 13 전통 부채 14 우리 옛 악기 15 솟대
16 전통 상례 17 농기구 18 옛다리 19 장승과 벅수 106 옹기
111 풀문화 112 한국의 무속 120 탈춤 121 동신당 129 안동 하회 마을
140 풍수지리 149 탈 158 서낭당 159 전통 목가구 165 전통 문양
169 옛 안경과 안경집 187 종이 공예 문화 195 한국의 부엌 201 전통 옷감 209 한국의 화폐
210 한국의 풍어제

고미술(분류번호 : 102)

20 한옥의 조형 21 꽃담 22 문방사우 23 고인쇄 24 수원 화성
25 한국의 정자 26 벼루 27 조선 기와 28 안압지 29 한국의 옛 조경
30 전각 31 분청사기 32 창덕궁 33 장석과 자물쇠 34 종묘와 사직
35 비원 36 옛책 37 고분 38 서양 고지도와 한국 39 단청
102 창경궁 103 한국의 누 104 조선 백자 107 한국의 궁궐 108 덕수궁
109 한국의 성곽 113 한국의 서원 116 토우 122 옛기와 125 고분 유물
136 석등 147 민화 152 북한산성 164 풍속화(하나) 167 궁중 유물(하나)
168 궁중 유물(둘) 176 전통 과학 건축 177 풍속화(둘) 198 옛 궁궐 그림 200 고려 청자
216 산신도 219 경복궁 222 서원 건축 225 한국의 암각화 226 우리 옛 도자기
227 옛 전돌 229 우리 옛 질그릇 232 소쇄원 235 한국의 향교 239 청동기 문화
243 한국의 황제 245 한국의 읍성 248 전통장신구

불교 문화(분류번호 : 103)

40 불상 41 사원 건축 42 범종 43 석불 44 옛절터
45 경주 남산(하나) 46 경주 남산(둘) 47 석탑 48 사리구 49 요사채
50 불화 51 괘불 52 신장상 53 보살상 54 사경
55 불교 목공예 56 부도 57 불화 그리기 58 고승 진영 59 미륵불
101 마애불 110 통도사 117 영산재 119 지옥도 123 산사의 하루
124 반가사유상 127 불국사 132 금동불 135 만다라 145 해인사
150 송광사 154 범어사 155 대흥사 156 법주사 157 운주사
171 부석사 178 철불 180 불교 의식구 220 전탑 221 마곡사
230 갑사와 동학사 236 선암사 237 금산사 240 수덕사 241 화엄사
244 다비와 사리 249 선운사

음식 일반(분류번호 : 201)

60 전통 음식　61 팔도 음식　62 떡과 과자　63 겨울 음식　64 봄가을 음식
65 여름 음식　66 명절 음식　166 궁중음식과 서울음식　207 통과 의례 음식
214 제주도 음식　215 김치

건강 식품(분류번호 : 202)

105 민간 요법　181 전통 건강 음료

즐거운 생활(분류번호 : 203)

67 다도　68 서예　69 도예　70 동양란 가꾸기　71 분재
72 수석　73 칵테일　74 인테리어 디자인　75 낚시　76 봄가을 한복
77 겨울 한복　78 여름 한복　79 집 꾸미기　80 방과 부엌 꾸미기　81 거실 꾸미기
82 색지 공예　83 신비의 우주　84 실내 원예　85 오디오　114 관상학
115 수상학　134 애견 기르기　138 한국 춘란 가꾸기　139 사진 입문　172 현대 무용 감상법
179 오페라 감상법　192 연극 감상법　193 발레 감상법　205 쪽물들이기　211 뮤지컬 감상법
213 풍경 사진 입문　223 서양 고전음악 감상법　251 와인

건강 생활(분류번호 : 204)

86 요가　87 볼링　88 골프　89 생활 체조　90 5분 체조
91 기공　92 태극권　133 단전 호흡　162 택견　199 태권도

한국의 자연(분류번호 : 301)

93 집에서 기르는 야생화　94 약이 되는 야생초　95 약용 식물　96 한국의 동굴
97 한국의 텃새　98 한국의 철새　99 한강　100 한국의 곤충　118 고산 식물
126 한국의 호수　128 민물고기　137 야생 동물　141 북한산　142 지리산
143 한라산　144 설악산　151 한국의 토종개　153 강화도　173 속리산
174 울릉도　175 소나무　182 독도　183 오대산　184 한국의 자생란
186 계룡산　188 쉽게 구할 수 있는 염료 식물　189 한국의 외래 · 귀화 식물
190 백두산　197 화석　202 월출산　203 해양 생물　206 한국의 버섯
208 한국의 약수　212 주왕산　217 홍도와 흑산도　218 한국의 갯벌　224 한국의 나비
233 동강　234 대나무　238 한국의 샘물　246 백두고원

미술 일반(분류번호 : 401)

130 한국화 감상법　131 서양화 감상법　146 문자도　148 추상화 감상법　160 중국화 감상법
161 행위 예술 감상법　163 민화 그리기　170 설치 미술 감상법　185 판화 감상법
191 근대 수묵 채색화 감상법　194 옛 그림 감상법　196 근대 유화 감상법　204 무대 미술 감상법
228 서예 감상법　231 일본화 감상법　242 사군자 감상법